中国碳中和战略和路径选择课题报告

基于激励机制和碳市场的净零路径

曹莉　梁希　等◎编著

责任编辑：黄海清
责任校对：孙　蕊
责任印制：丁淮宾

图书在版编目（CIP）数据

基于激励机制和碳市场的净零路径／曹莉等编著．—北京：中国金融出版社，2024.8
ISBN 978-7-5220-2417-2

Ⅰ.①基…　Ⅱ.①曹…　Ⅲ.①气候变化—治理—研究　Ⅳ.①P467

中国国家版本馆CIP数据核字（2024）第092314号

基于激励机制和碳市场的净零路径
JIYU JILI JIZHI HE TANSHICHANG DE JINGLING LUJING
出版
发行　中国金融出版社
社址　北京市丰台区益泽路2号
市场开发部　(010)66024766，63805472，63439533（传真）
网上书店　www.cfph.cn
(010)66024766，63372837（传真）
读者服务部　(010)66070833，62568380
邮编　100071
经销　新华书店
印刷　保利达印务有限公司
尺寸　155毫米×230毫米
印张　8.75
字数　112千
版次　2024年8月第1版
印次　2024年8月第1次印刷
定价　45.00元
ISBN 978-7-5220-2417-2

序　言[1]

2023 年 12 月，在迪拜举行的第 28 届联合国气候变化大会（COP28）就《巴黎协定》首次全球盘点、减缓、适应、资金、损失与损害、公正转型等多项议题达成“阿联酋共识”。首次全球盘点清楚表明，全球气候行动离气候目标还存在很大差距，需要所有国家、企业乃至个人都作出实际行动，需要路径规划、政策引导和资金、技术投入。促进多种实体为实现净零排放共同行动，需要基于激励机制和碳市场的路径设计。

截至 2023 年 10 月，全球已有近 140 个国家和地区正式宣布碳中和目标。然而，尽管各国都表态重视应对气候变化，但一些国家和地区并没有将气候变化放在最高优先级，而是将最高优先级放在政治安全、领土及民众支持度等问题上。从企业看，在沙姆沙伊赫举办的第 27 届联合国气候变化大会（COP27）之前，国际上出现了认为可以靠企业提高觉悟、改变行为模式来应对气候变化的观点。但是，从大样本看，企业行为并没有发生本质改变，企业仍是追求经济效益的实体，主要的目标和动力还是通过市场份额、生产、销售、成本控制和价格竞争追求利润最大化。不少企业已作出净零排放承诺，但新增的仍比较有限，真正履行承诺的企业占比也不够高。而且，企业即使不能兑现承诺还有退出的后路，2022 年以来部分企业宣布退出承诺净零排放的自愿性组织或联盟。从消费者看，尽管欧洲的消费者在碳减排领域觉悟较高，也在 2022 年和 2023 年因为能源价格飞涨而游行示威。从投资者看，应对气候变化需要大量投资，但投资者的决策最终还要看企业回报，企业所有的业务活动最终都要接受利润考核。上市公司还

---

[1] 本报告是博鳌亚洲论坛研究院《中国碳中和战略和路径选择课题报告》第二阶段的研究成果。感谢周小川副理事长和时任秘书长李保东对报告团队的指导与启发。报告团队成员包括曹莉、梁希、杨燕青、程勇、杨娉、唐滔、张灵芝、刘琰、王昊宇、蓝焕琪、夏菖佑、马诗佳、高志豪、余晓洁、叶知远。

需要考虑市值管理，直接受股价表现的影响，也是利润的函数。即使成立绿色投资基金，其对项目以及股票作出投资决策时，仍需要把多个目标合成起来加以评估。

综上所述，包括政府、企业、消费单元、金融投资和贷款机构在内的不同形式的实体需要考虑多重目标，尽管越来越多的机构把应对气候变化当成一项重要目标，但这项目标不一定能够改变投资和经营的现实情况。目标间的优先级安排会随着若干内外部条件的变化而发生动态变化。如果未来气候变化演变得非常剧烈，特别是爆发大灾难，那么气候变化问题可能压倒其他目标变成各国政府的最高优先级，也会在企业内部成为比利润更大的优先级。作为应对气候变化和实现碳中和激励机制的研究，我们既鼓励企业提高实现净零排放的觉悟和优先级，也需要探索在减少碳排放不是最优先目标的背景下如何激励碳减排。

经济学研究的一大重点是如何通过均衡状态合理实现多目标，使多种实体（如政府、企业、家庭）的不同目标得到优化协调。这里，主要依靠的就是价格和实现市场均衡。与此同时，还可以运用物理学里同一量纲目标可加总的概念，将可以用价值量计量的商品或活动进行加总，或者把量纲不一致的转化为价值量进行加总。在实现净零排放的过程中。为实现多种实体的多目标优化协调，可以考虑把碳排放转化为价值量。通过碳价格形成的惩罚量或鼓励量就是价值量。

总的来看，实现净零排放目标可以依靠觉悟，可以依靠行政计划，还可以依靠市场。如果靠觉悟和行政计划距离零碳目标仍有很大差距，那么，就需要较多地依靠市场。尽管现实的市场经验并不见得理想，成效也不够，有不令人满意的地方，但是仍应依靠市场。靠市场就是由供求关系决定价格，由价格引导微观行为。

一方面，市场价格是动态变化的。很多因素都会影响碳价格，特别是未来的科学技术，如受控核聚变试验。如果依靠市场，市场功能就应能够适应这种变化，以概率的形式来定价和作出反应。有些技术前景可以靠市场预期进行调节。

另一方面，供需将决定价格。可以由碳市场决定碳价格，尽管目前碳市场还存在很多令人不满意的地方。碳价格也包括碳税等其他形式，碳税可以参考碳排放政策需求和市场减碳成本来确定税率水平。在碳价格中，可以把基础部分定为碳税，高出的部分让市场决定。国际货币基金组织（IMF）正在推动实现“碳底价”，如每吨二氧化碳的价格欧美应不低于75美元，中国等中高收入国家不低于50美元，印度等中低收入国家不低于25美元。此外，碳价格还涉及欧盟的碳排放边境调节机制（CBAM），如果出口国碳价格等同或超过欧盟水平，并以有偿形式征收，出口欧盟的产品就可能不会被征收碳关税。

度量、透明度、诚信、评级，是实现净零排放路径的基础。其中一个重要问题是对实体碳排放的度量，核定某一种生产排放多少碳，涉及科学和工程问题，往往需要依靠第三方，需要专门机构、专门人才和知识结构与方法。对金融机构资产组合的度量必然要联系到实体的排放，即要以度量实体的碳排放为主要根据。

与此同时，在衡量某实体的自身排放之外，还需要解决好该实体整个供应链即范围3（Scope 3）的排放问题。现在社会期待大型企业承诺范围3的减排，也要求金融机构作出相应承诺，实际上并不容易，问题可能很多。因为各家减排进度不一，同一产品可能有几百上千个供应商，可能有的厂家排放得多、有的排放得少，所用工艺路线也不一样。如果全社会为同一产品设立基准碳排放，进行有效减排方式的企业应该受到鼓励。政府有条件把这一基础工作做好。除涉及少数化工工艺的生产以外，可以参照增值税办法借助现有的增值税系统逐级核算各生产环节的碳附加量或者碳足迹，从而在最终的产品中清楚呈现碳足迹，减少众多企业衡量范围3排放的负担。

当然，碳市场的作用在国际上仍未能赢得广泛认同，COP27对全球碳市场的建立和碳市场的国际连接呼声也不太高。这在很大程度上是因为碳市场从起步至今不到20年，走到最前列的欧盟碳市场运作起初也并不顺利。尽管如此，应该做的是克服碳市场的现实不足去改善和运用，而不是持批评态度甚至最终放弃。总量封顶和市场可控联通可以使碳市场更好地起作用，同时特别注意几种重大科技进展对碳市场可能带来的影响。

同时，一些主张依靠计划的人认为碳市场作用不大，仍应依靠计划进行调控。实际上，制定和执行行政计划也需要依靠价格工具。中国应对气变取得的“四个第一”，即风电、光电装机容量第一，风电、光电产能第一，电动车数量第一，储能设备产能第一，价格机制对推动这些产业发展的作用非常显著。而价格不合理，很可能导致计划难以得到有效落实。有些计划也可能做得很好，其测算的定价相当接近市场供求平衡的均衡水平，但如果没有达到最优化配置，时间长了仍会与市场配置资源带来的均衡水平产生差距。

因此，要更加依靠激励机制和市场来应对气候变化，依靠觉悟和行政计划加以辅助。市场既包括各种形式的价格也包括微观主体，合理的价格信号能激发出各微观主体的积极性。

报告概要

气候变化已给世界带来巨大现实危害，地缘政治危机引发的全球能源危机和能源安全问题又令各国自顾不暇。2023 年 12 月，在迪拜举行的第 28 届联合国气候变化大会（COP28）完成的《巴黎协定》首次全球盘点清楚表明，全球气候行动离气候目标还存在很大差距。这实际体现出应对气候变化在各国政府的政策优先级以及企业目标优先级中的现实排序，以及在多目标下落实气候变化目标的难度。中国是《巴黎协定》的缔约方和坚定支持者，2020 年 9 月习近平主席在联合国大会上提出了“双碳”目标。这是一项复杂、艰巨的系统工程，需要设计好净零路径来保障能源供应安全，满足经济持续发展对能源的巨大需求，照顾利益受损害的地区和群体。

本书选择了净零路径的八大问题：（1）应对气候变化的目标、路径规划与机制选择；（2）正视困难与挑战；（3）抓住减排的关键——电力系统；（4）碳市场及其应起的作用；（5）不同碳市场间的相互作用与如何避免“漂绿”；（6）企业与消费者的行为模式是否会轻易改变；（7）公正转型与跨境碳交易和 CBAM；（8）大力支持绿色技术的研发及相关领域投融资。本书围绕上述八大问题展开论述，切实探究运用激励机制特别是碳市场可能带来的更优解决方案。

问题一：应对气候变化的目标、路径规划与机制选择

基于现有气候承诺，全球已经严重偏离 1.5℃ 目标。从现实情况看，发达国家减排进程整体缓慢，特别是受新冠疫情、地缘政治和能源危机的影响，应对气候变化的优先级显著下降。发展中国家受资金和技术水平的限制，应对气候变化需要得到相应的支持和援助。联合国应促使各国根据自主贡献承诺抓紧实施更积极的碳减排措施。如果允许发展中国家和地区的减排进程稍慢，那么为保证 1.5℃ 目标的实现，发达国家应行动得更快。

实现碳中和的路径涉及动态规划、行业路线和排放余量问题。首先，应使用动态规划的方法设计宏观层面的碳中和路径。各国应把已明确的减排目标按照科学方法分解到一些关键年份，形成路线图和时间表。这可以使用动态规划方法，即先按最优性原理把总量目标变成关键年份减排目标，再把各年份减排目标以约束的形式加到传统的GDP增长目标中，进而求解最优化问题，并计算碳社会成本。现实情况会更为复杂，需重点关注未来技术的不确定性。若未来实现一些关键能源技术的突破，就可以用较小的经济代价实现碳减排。此外，还应注重发挥金融市场的作用，包括为碳减排筹集资金，帮助企业安排最优生产和技术研发投入，对碳减排行为进行市场定价，揭示碳减排相关风险并提供对冲工具等。

其次，碳中和实现路径需要分解到具体行业。从全球看，能源行业碳减排最为关键。2021年，国际能源署（IEA）规划了全球能源供应部门、发电部门以及工业、交通运输业和建筑业三大终端用能部门实现净零排放的路线图。中国目前已建立起碳达峰碳中和的“1+N”政策体系。其中，“1”为顶层设计文件，设定了2025年、2030年和2060年的主要目标；“N”包括能源、工业、交通运输、城乡建设等分领域分行业的实施方案和相关保障方案。

最后，碳中和实现路径还需要考虑排放余量问题，即分析实现碳中和目标后还会产生多少二氧化碳排放。这涉及针对未来碳排放余量移除技术方面的研发投入安排，并且也会反过来影响减排路径的设计。根据清华大学相关研究团队测算，2019—2060年，中国化石能源在能源中的占比将从85%降到13%，其中煤炭的降幅非常大，天然气和石油还留有一定比例。

各国碳中和实现路径是一项系统性工程，涉及面广、时间跨度长、协调难度大。因此，需要有效的配套体系，既要有市场激励体系（Incentive），又要有政府政策约束（Regulation）。企业、消费者等微观主体通过市场掌握价格、感知风险、筹集资金、作出最优减排，实现激励相容；政府通过明确长期碳减排目标、引导市场预期、规范企业履约等，发挥搭建市场和保障市场有效运行的作用。

在国家层面，面对依靠自觉性、行政计划、市场机制三大实现净零目标的机制选择。尽管碳市场目前仍存在一些亟待解决的问题，但从长期看，实现碳减排还是要依靠市场机制。从依靠自觉性看，当前实践表明，多数实体的内在动力不强，也缺乏外部刚性约束和监督机制。如依靠行政计划机制，其关键在于能否准确反映价格因素，否则将导致扭曲或僵化，最终计划执行失效。依靠市场机制，主要指在政府给定碳排放总量限制的前提下，碳市场主体通过碳市场交易碳配额形成和传导碳价，引导企业减排、清洁技术升级、实现低碳转型。如果这种机制可以有效实施，则既可以实现碳排放的总量限制，又可以根据碳减排的实际难度，以及所需投资和设备更新的时间进度来进行资源跨期配置，还会引导大量的资金投向碳减排。不过，市场配置也存在一定的难度，如过渡期、配额分配、碳市场联通以及碳关税等问题。现实中，市场机制不够有效的主要原因有两个：一是碳价偏低，没有真正地反映碳社会成本；二是碳价传导受阻，即碳价在向终端消费传导的过程中受到非市场化因素的影响。

问题二：正视困难与挑战

应对气候变化迈向净零任务艰巨、紧迫，需要正视困难与挑战。

首先，要防止因绿色技术推广而盲目乐观。新能源广泛替代传统能源的过程并非理所当然，还需要大量投入研发和设备更新改造。即使是新能源广泛投入使用，还要考虑风力发电、光伏发电的间歇性，做好后备容量即储能和峰值供电的运作安排，其中可能还会用到化石能源。因此，前景并非那么乐观。能源转型委员会（Energy Transitions Commission）于2023年3月发布的报告《转型融资：如何使资金流向净零经济》测算，2021—2025年，全球每年需要2.4万亿美元的能源转型投资，占全部转型投资的70%。其中，约9000亿美元需投向电网、2000亿美元需投向储能，两项合计约占能源投资的46%。

其次，不能因企业提升承诺而过于乐观。近几年，众多大企业作出了净零承诺。但从当前情况看，落实承诺的力度并不强。自2022年底以来，资管巨头先锋集团与瑞士苏黎世保险、德国慕尼黑再保险等机构先后退出净零排放资产管理人倡议（NZAMI）和净零保险联盟（NZIA）。而且，企业可能转行甚至关闭，因此难以确保兑现承诺。金融机构涉及的投资都是资产负债表的加总，靠自身减排的业务量可能相当有限。

再次，要直面保障能源安全与稳定的困难。为保障能源安全与稳定，欧洲已经或正在考虑采取限价措施，中国也采取了有序用电措施。IEA发布的《煤炭市场报告2022》指出，2022年，受俄乌冲突和极端气候事件影响，全球煤炭发电量创下新纪录，超过2021年的水平；主要由印度和欧盟强劲的煤电增长以及中国一定程度的增长所推动。在实现碳中和的过程中保障能源安全与稳定的复杂程度，可能远大于人们的假设。

最后，在度量、透明度、评级与确保诚信等方面还有许多基础工作需要做。很多行业以及区域的范围3排放量大，范围3的排放核算难度最大。从碳信息披露项目（Carbon Disclosure Project）2021年对全球企业展开的温室气体排放问卷调查的结果看，企业的供应链碳排放比经营碳排放高出11.4倍。而且，当前在度量、核查、评级等方面的专业队伍还远远不够，国内正在建立统一管理体系，对第三方核查机构及人员资质形成强制性要求。

问题三：抓住减排的关键——电力系统

电力系统是主要国家碳减排的工作重点。2020年和2021年，全球电力系统的碳排放总量分别为135.02亿吨和143.78亿吨，分别占全球碳排放总量320.79亿吨、338.84亿吨的42.09%、42.43%。在中国每年略超100亿吨的排放中，电力系统占比为45%。电力系统净零转型包括电力供给侧的生产零碳化和电力消费侧的终端电气化。在中国，从碳达峰到碳中和，预计电力生产零碳化和终端用能电气化将分别贡献约31%和16%的二氧化碳减排量。

可再生能源具有间歇发电的特征，需要后备容量和储能来支持电力系统低碳转型。后备容量包括能够应急调峰调频的火电燃煤机组。中国现有的火电机组需要进行灵活性改造来承担应急调峰的角色。中国当前处于容量市场起步阶段，需要考虑采用市场化的方式反映容量价值，避免系统需要的机组由于经营亏损退出，同时激励新的灵活性容量投资进入。在这方面，欧盟的容量市场机制的实践可供借鉴，主要包括以数量为基础和以价格为基础的两种后备容量的收入决定机制。能源转型的另一个条件就是依靠储能，但目前在整个电量供应的过程中占比很小。如何引导风险投资进入储能技术的研发，以及如何广泛动员资金投入成熟的储能技术的运用，是发展储能的关键任务。

中国电力系统净零转型有三大任务。

一是先立后破，在大力发展可再生能源的同时，不是立即停止所有化石能源设备，而是要有一种互补与配合，能够应付储能调频和应急调度需求，特别是脆弱条件下的电力供应。

二是把价格搞对，通过电力市场改革，综合运用“碳税+碳市场”以及其他措施，起到价格激励作用，促进调峰和储能工作更好的发展。以抽水蓄能电站和电化学蓄能设施的建设经验看，容量电价使蓄能电站和电化学蓄能电站获得了新激励，短时间内项目数量激增。2022年有200多个抽水蓄能电站项目获批，超过了“十四五”规划五年的总规模。同时，中国居民用电成本，在整个消费支出中的占比仍旧相当小，约为2%，低于美国、德国和英国的2.2%、5.9%和4.0%。因此，在电力需求端价格改革方面仍有余力。此外，为稳定居民用电价格而让企业承担相应补贴成本的交叉补贴问题，缺乏某种合理性，需要进一步加以解决。

三是发挥电网的关键作用。要最大限度发展并用好可再生发电能力，需要对电网进行改造与智能化转型从而吸纳电力，并需要扩建长距离电网来进行调度。同时，输变电中的线损等问题还需要输电技术取得关键突破。建设和利用好产能和调峰设施，还要求现代电网显著提高调度能力，并通过给予消费端明确的激励来优化电力消纳。电网除了在物理功能上发挥重要优化作用以外，还可以在未来成为将碳价格向下分解传导最重要的“二传手”，即通过电网的现代化管理来更好地实现定价和调度，实现供求匹配。

问题四：碳市场及其应起的作用

在应对气候变化特别是推动二氧化碳减排中，碳市场在形成碳价并以此引导各种投融资方面可以发挥重要作用。《巴黎协定》要求对二氧化碳等温室气体的总体排放进行数量限制，实际上就是一种配额性做法，即确定温室气体排放的总量配额，同时明确实现配额的路线图、时间表。在配置方法上，可以通过市场手段或者行政配置，也可二者相结合。碳市场是配额配置的一种重要方式，包括买卖碳排放配额、碳信用额度以及基于两种产品的金融工具。一方面，碳市场会寻找和确定碳排放的价格，并在奖惩两个方面发挥作用；另一方面，碳价格预期会引导大量跨期和长期投资，并引导市场参与者做好风险管理。

目前，在碳市场建设过程中，应当关注使用免费配额、各类市场的相互作用、碳价格的动态特征和碳底价等问题。

免费配额作为一种过渡性措施，应当按照一定的路线图和时间表逐步淡出。以欧洲碳排放交易体系（EU ETS）为例，一级市场中碳配额分配方式经历了免费分配、拍卖10%的配额、拍卖50%以上的配额、部分行业全部配额有偿分配等系列变化，使EU ETS碳配额价格自2018年起有效回升。2021年，在欧盟披露2030年（较1990年）减少55%排放目标的刺激下，欧洲碳配额价格一年涨了150%。

碳排放权配额市场与自愿碳信用市场的相互作用非常重要，长期可能会推动碳价趋同。2022年全球最大碳配额市场EU ETS的交易额达到7514.59亿欧元，占全球总量的87%；中国全国性碳排放交易系统（ETS）的交易额约合4.2亿美元。与之相比，2021年全球主要自愿碳市场的交易额刚刚超过10亿美元。扩大自愿碳市场特别工作组（TSVCM）认为，随着企业气候目标成倍增加，到2030年对碳信用的需求预计将跃升至原来的15倍。联合国有关报告估计，碳信用交易可以将实施国家自主贡献的成本降低一半以上。从鼓励投资来讲，无论是发达国家还是发展中国家，实现碳减排或者增加碳移除能力的投资效益最终也应趋同。因此，碳配额市场（也就是碳排放权市场）和自愿碳市场应存在有机联系，相互之间应该可以连通；不同区域、不同国家的碳市场可以在局部可控连接的实践基础上，最终实现联通，最后形成的碳价格应该趋于一致和均衡。

应留意碳价格的动态特性。减排早期多从较容易的方式与化石能源替代入手，因此减排成本相对较低；攻坚阶段碳排放处理难度大，减排边际成本随之提升；随着资金大量进入，未来可能通过先进技术大幅提升减排能力、替代化石能源或实现碳抵消，从而可能导致碳价格的下降。因此，未来技术的发展以及减少二氧化碳的边际成本在很大程度上决定着中长期碳价格的走势。

从国际协调角度出发，IMF提出最快和最切实际的碳定价政策是制定国际碳底价（International Carbon Price Floor），即到2030年，发达经济体的碳价格要达到75美元/吨二氧化碳以上，中等收入发展中经济体达到50美元/吨二氧化碳以上，低收入发展中经济体达到25美元/吨二氧化碳以上。IMF定义的广义碳定价包括碳税、碳交易、监管措施（如直接减排、拉闸限电带来的影子价格）以及补贴。不同的碳定价中，显性价格要好于隐形影子价格，因为信号最强烈，资源配置最有效。

要评价和考核碳市场的业绩，有两个方面特别需要强调：一是市场上的碳价能否真正做到奖惩有效，成为有效的激励机制；二是碳价能否切实引导大量资金投向碳减排领域。中国在一些局部领域进行了多年的碳市场探索，全国统一的碳市场建设刚刚起步。全国碳市场覆盖了全球9%的温室气体排放，但目前仅纳入了电力行业，没有允许机构投资者进入。中国要在考虑碳市场动态特性的基础上，研究未来如何建设好、运用好碳市场，为实现“双碳”目标以及全球的气候变化温控目标作出应有的贡献。

问题五：不同碳市场间的相互作用与如何避免“漂绿”

避免“漂绿”，在依靠更科学、严格的碳信用标准的同时，更要重视通过碳市场间的相互作用来使碳价趋同。世界银行《碳定价机制发展现状与未来趋势报告》反映，从2021年开始，各类技术路线的碳信用价格开始显著下降。以自然为基础的解决方案形成的碳信用的价格降幅最大，从每吨二氧化碳16美元降至不到5美元。如果碳信用价格在未来几十年内仍保持在低位，并不能带来真实和额外的减排，那么企业通过碳信用来替代本应进行的脱碳工作，就有可能面临“漂绿”的指控。

从理论上说，全球每一吨减排量的边际减排效果应该是相同的，每一吨边际碳减排、碳移除或者是碳封存效果也应相同。但是，由于各国推动碳减排工作的起步时间不同，各国、各地区间的碳市场价格差距较大。在碳减排初期，一些较容易的改进就能实现减排，使减排成本和代价较低，碳价格也较低，在一些发展水平较低的国家和地区尤为如此。然而，由于碳价格未来将会趋于一致和均衡，边际上特别容易减排的环节和项目，很快就会被市场完成，之后成本就会上升，由此，即便一些大公司通过购买碳信用等措施用较低价格回避应尽的减排责任，这种做法应该不会持续很长时间，“漂绿”的机会由此减少。

通过碳市场连通促进碳价格趋同，能够有效减少利用碳价格差的“漂绿”行为。联合国《京都议定书》下确立清洁发展机制（CDM），为全球碳市场协同作了积极和有意义的探索。《巴黎协定》第6条第2款和第4款继承并发展了《京都议定书》的国际碳交易机制，提出了国际转移缓解成果（ITMO）和可持续发展机制（SDM）作为新的交易形式，为碳交易的全球协同提供了新的制度框架。落实《巴黎协定》第6条需要国与国之间建立碳减排信用交易的直接机制，如全球绿色增长研究所（GGGI）于2022年10月决定建立GGGI碳交易平台，支持成员ITMO交易的操作。同时，需要与更多国家强制性碳市场建立协同和连接，允许企业以更灵活的方式用SDM在强制性碳市场履约，逐步建立起全球碳市场的连接机制，促进全球碳价趋同。国际航空碳抵消和减排机制（CORSIA）、欧洲能源交易所、新加坡气候影响力交易所等正在考虑接受CDM和SDM框架下的减排量。

当前的碳减排国际协调可分为《巴黎协定》第6条框架下的主动协调以及欧盟碳边境调节机制（CBAM）等触发的被动协调。前者通过联合国及多边组织推动该机制在各国落地并扩大影响，后者通过对欧盟外部企业未充分缴纳碳价的商品征收碳边境调节税倒逼各国加快碳市场建设或采取其他碳价举措。总之，碳市场的相互连通既涉及碳价格调节机制的国际协调问题，又涉及发达国家和发展中国家的双边与多边关系问题，也涉及长期气候政策协同问题和减排雄心一致问题，还涉及实现低碳转型的资金筹措问题。

问题六：企业与消费者的行为模式是否会轻易改变？

企业与消费者的行为模式并未能根据气候变化目标而改变。许多实证已经并会进一步表明，非主权实体的行为方式并未改变，企业追求利润最大化的本质没有改变。2022 年，COP27 在逐步淘汰化石燃料方面没有取得进展是企业很难改变自身行为方式的一个实证。据 IEA 统计，2022 年煤炭的使用仍增长了 1.2%，达到历史最高水平。聚集了 160 多家金融机构、资产总额超过 70 万亿美元的格拉斯哥净零金融联盟（GFANZ）在成立一年后，因美国金融机构害怕监管风险，被迫放弃了不能给新煤炭项目融资的禁令。

当然，企业不仅追求利润，还需要承担多重目标，要实现多目标，可以通过多目标的价格加权来实现可加性，消费者也如此。从严格的数学表达上来说，可加性就是在量纲（Dimension）一致时，靠数量乘价格来进行衡量。在量纲不一致时，即不同的事物有完全不同的量纲时，最简单的办法，可能是对不同量纲或维度分别进行衡量和打分，最后加总得出分数，如巴塞尔银行监管委员会对全球系统重要性银行（G-SIBs）的评定就是这个方法，即通过打分加权来实现可加性，对多目标汇总后再进行衡量。

如果企业与消费者行为不会轻易改变，带动企业与消费者加入应对气候变化和碳排放中的一个有效办法，是以价格加权对企业碳排放或者碳移除、碳封存进行调节。可以通过价格手段对企业进行调节，使其多目标具有可加性，帮助企业实现多目标。当然，对企业还会有“可以做或不可以做”的约束。尽管企业可以转向多目标，但其主要目标仍旧清晰，就是多目标加总后的利润最大化。因此，要使企业在气候变化中承担责任，从调控上来讲最有效的是依靠市场机制，通过碳市场或者以碳市场为主形成碳价格，引导企业参与碳减排。

为企业与消费者设立碳账户也成为当前引导两方参与碳减排的一个重点讨论建议，中国一些地方探索开展了工业碳账户、农业碳账户和个人碳账户建设的实践，并将此作为碳账户金融应用的重要内容。

但是需要看到，全社会设立碳账户可能存在以下几个问题：第一，全社会设立碳账户可能特别复杂，特别是范围3排放。第二，如果与企业类似，要对每个消费者设立碳账户，就需要假设每个人都对碳减排有高觉悟，会根据碳账户来调整自身行动。第三，碳账户可以记载累计排放，包括机构和个人的历史排放，历史排放与责任一直是气候谈判中争议的焦点，人均历史排放水平和个人碳账户与碳排放权利的关系还需要不同层面的研究和讨论，这是当前净零排放路径中争议最大的问题。也就是说，如果发达国家和发展中国家考虑的都是排放历史，那么减排问题就会争论不休。只有各国都看到当前最迫切的任务是竭尽全力进行减排，措施一致同时兼顾公正转型，就不会过多纠缠于历史问题。

碳足迹的准确核算非常重要但一直存在着技术挑战，排放因子的参差不齐导致难以启动以碳足迹为基础的碳市场激励机制。未来可以考虑将增值税（VAT）的计税方法用于记录范围3的碳足迹。在范围3的碳排放足迹上，政府可帮助企业特别是中小企业简便直观地感知范围3排放，通过价格传导机制把范围3的碳足迹包含进去。需要看到，企业数量众多，生产链条长且复杂给追踪范围3的碳排放足迹带来巨大的困难。VAT最重要的特点是计算本生产环节的附加值，前面环节的附加值和已交税款都用进项发票表达，由此，可以考虑将每个生产环节的碳排放附加量逐级核算，在最终的产品中把碳足迹看清楚。也就是说，可以模仿VAT的做法建立一套系统，建立与之类似的发票制度和进项抵扣制度，从而得出碳排放附加值。同时，在出厂商品的标签中或者卖给消费者的商品标签中标明碳排放，除了标明价格还有碳含量。这种发票单据系统也需要有交叉核验，对伪造作出处罚。

问题七：公正转型与跨境碳交易和CBAM

公正转型是迈向碳中和过程中的关键问题，不仅涉及转型过程中国与国之间的公平性，还包括一国行业之间和微观主体之间的公平性问题。国与国之间在转型过程中的公平性，涉及各国所承担的责任、面临的风险、具备的资源的不平衡性。气候行动不应扩大高收入国家和低收入国家之间的不对称性，应当正视和落实资金从发达国家流向发展中国家的义务。同时，转型过程中应当考虑如何保护就业市场的弹性与包容性。公正转型还应关注转型项目对于弱势群体的影响。碳中和目标的实现路径会导致传统的能源行业削减大量的工作岗位。此外，各行业转型节奏不同，对资金及技术研发的需求也各不相同。

COP27最终就设立损失与损害基金达成共识，在实现气候正义上迈进了一步。但是，筹集的基金规模仍有待明确，而且在整个所谓公正转型中最终所能占的比例仍相对较小。新兴市场和发展中国家绿色低碳转型的资金缺口巨大，如何动员和配置如此巨量的资金来帮助新兴市场和发展中国家实现转型，成为能否真正实现公正转型的关键。不是仅靠金融机构自己承诺就可以拿股东和客户的钱来作绿色投融资，还需要足够的激励机制，考虑切实有效的方法来动员大量的资金，促进从发达国家向发展中国家转移。

要实现公正转型，可以考虑全球碳市场之间建立可控连接，使发达国家的金融力量能购买其他市场上的碳配额或者碳信用。下一步，在推动国与国之间ITMOs交易的同时，可以考虑加强SDM与各国强制性碳市场的连接。未来SDM项目替代CDM项目成为国际碳减排信用的重要交易形式后，需要与更多国家强制性碳市场建立协同和连接，允许企业以更灵活方式探索允许SDM体系下高质量的减排信用在本国强制碳市场进行履约。

要实现公正转型，欧盟碳边境调节机制（CBAM）的相应收入应该返回到发展中国家碳市场，帮助发展中国家和新兴市场进行减排，对森林和土地进行保护。联合国贸发会议（UNCTAD）测算，如果CBAM按每吨44美元的碳价格来计算与出口国碳价的价差并征收碳关税，其收入将增加约25亿美元，而发展中国家碳密集型行业出口将减少1.4%，收入减少约59亿美元。由此，应建立把CBAM的收入返回发展中国家碳市场购买碳配额或碳信用的机制。

问题八：大力支持绿色技术的研发及相关领域投融资

实现碳中和，迫切需要大力支持绿色低碳科技的研发及投融资。二氧化碳捕集利用与封存已成为国际上开始大规模利用的绿色技术；直接空气碳捕集和封存、生物质能碳捕集与封存两大负排放技术全球研发和投资热情高涨，各界对生态碳汇的重视程度不断升高；核裂变与核聚变、地球被动辐射冷却技术在等待更大的科学突破。

二氧化碳捕集利用与封存（CCUS）在实现雄心勃勃的气候目标方面具有重要作用，正在全球范围内开始规模化应用。研究机构预测，世界上15%的减排量可以通过CCUS实现，相当于到2050年共部署2000个大规模设施，资本需求为6500亿~13000亿美元。综合国内外的研究结果，碳中和情景下中国在2060年的CCUS减排需求预计为10亿吨~18.2亿吨/年。其中，煤电、钢铁和水泥行业的CCUS减排需求分别为2亿吨~5亿吨/年、0.9亿吨~1.1亿吨/年和1.9亿吨~2.1亿吨/年。此外，直接空气碳捕集和封存（DACCS）以及生物质能碳捕集与封存（BECCS）还将贡献2亿吨~3亿吨/年和3亿吨~6亿吨/年的减排量。

CCUS在煤化工行业应用的减排成本最低，为140~170元/吨二氧化碳；在燃煤发电厂的成本为350~500元/吨二氧化碳；钢铁行业成本为398~610元/吨二氧化碳；水泥行业高达480~700元/吨二氧化碳。DACCS的成本是所有CCUS技术中最高的，为923~2390元/吨二氧化碳。BECCS目前的减排成本为616~2016元/吨二氧化碳。未来随着CCUS应用的规模扩大和技术进步，成本将持续下降。如果要实现中国到2050年每年24亿吨的碳减排目标，充分发展CCUS产业，预计2020—2050年CCUS需要约2130亿元人民币（约合330亿美元）的资金支持。

CCUS涵盖电力、钢铁、水泥、化工、船舶、海洋工程、石油天然气开采、食品、农业等国民经济主要行业，产业链长、覆盖面广，上下游关联产业众多，未来有望为工业、制造业和服务业带来新的增长机遇。根据油气行业气候倡议组织（OGCI）的研究报告预测，2050年中国国内CCUS市场将创造2012亿~6728亿元经济附加值（GDP），海外CCUS市场将为中国带来937亿~3750亿元经济增加值（GVA），届时整个CCUS行业将为中国创造398万~1163万个就业机会。

以森林、湿地、红树林、海草等为主体的生物固碳途径，是驱动中国生态碳汇增长的主要途径。目前，不同方法针对中国陆地生态碳汇的估算结果存在较大差异，整体范围在1.7亿~11.1亿吨二氧化碳/年；中国陆地生态系统的碳汇主要贮存在森林及灌丛中，农田、草地、荒漠和湿地的碳汇总量较低，不超过100万吨二氧化碳/年；海洋碳汇能力为126.88万~307.74万吨/年。目前，中国林业碳汇的减排成本为70~350元/吨二氧化碳。巩固和提升生态系统碳汇功能有望为中国工业减排创造每年20亿~25亿吨碳排放空间。

核电是重要的低碳电力来源。2020年国际能源署（IEA）和经济合作与发展组织核能署（OECD-NEA）联合发布的《电力成本估算报告（2020）》指出，长期运行核电站在平准化发电成本上已经低于利用煤炭、天然气等传统的化石燃料发电，对于电力行业的碳减排具有重要意义。中国是全球核电大国，在2021年核电机组装机总容量达到5328万千瓦，此外还有2419万千瓦核电机组正在建设中。核电发电量在中国电力结构中的占比已达5%，并持续增长。预计2026—2030年，中国核电年均投资水平约为300亿美元。到2060年，中国发展核电将减少25亿~35亿吨/年的碳排放。

氢能是一种清洁、高效且具备可再生特性的二次能源。随着全球对环保与可持续发展的日益重视，2022年全球氢能需求量已攀升至9500万吨。2023年，中国氢气产量达到约3686万吨，占全球氢气总产量的三分之一以上。当碳价格超过800元/吨二氧化碳时，绿氢有望在经济性方面具备竞争优势。生物燃料作为可持续燃料的关键组成部分，同样具有巨大潜力。据测算，至2050年，全球可持续生物能源的潜力将超过100EJ。预计到2050年全球航空业实现净零排放时，可持续航空燃料（SAF）的减排贡献将达到65%。当碳价格达到800元/吨二氧化碳以上时，SAF有可能与化石航空煤油竞争。

此外，被动辐射冷却技术以及平流层气溶胶、海洋云层增亮、巨型太空镜、冰川薄膜等地球工程技术同样有助于实现地球的被动降温目标。然而，这些技术目前主要处于实验室和概念阶段，投资成本高，且可能带来其他无法预测的气候或生态影响，因此发展相关技术面临争议。

总而言之，为推动应对气候变化技术的研发和推广应用，需要大量资金投入，也迫切需要政府政策和减排促进机制的支持。建立碳市场、形成碳价格可创造激励机制，解决融资缺口问题，促进技术的发展，是解决气候问题和推动碳减排的重要途径。

目 录

引 言

《巴黎协定》把“全球气温升幅控制在2℃范围内并为1.5℃目标而努力，争取在21世纪下半叶实现碳中和的目标”确定为全球共识。第26届联合国气候变化大会（COP26）《格拉斯哥气候公约》进一步表达了“力争将升温控制在1.5℃以内”的决心并提出“到2030年全球二氧化碳排放较2010年水平减少45%，到21世纪中期实现碳中和”的必要性。然而，尽管近几年气候变化已给世界多国带来巨大现实危害，但地缘政治危机带来的全球能源危机和能源安全问题使各国自顾不暇。COP26召开后世人一度信心满满，但2022年11月在沙姆沙伊赫举办的COP27未能在强化气候雄心上取得更为积极务实的成果，很多国家开始举棋不定甚至有所退却。2023年12月在迪拜举行的COP28就“以公正、有序和公平的方式在能源系统中转型脱离化石燃料，在关键10年加速行动以在2050年实现净零排放”最终达成一致，完成了首次全球盘点，但全球气候行动离气候目标还存在很大差距，需要所有国家、企业乃至个人作出实际行动，需要更现实的路径规划、政策引导和资金、技术投入。

中国是《巴黎协定》的缔约方和坚定支持者，2020年9月习近平主席在联合国大会上提出了中国“二氧化碳排放于2030年前达峰，2060年前实现碳中和”的“双碳”目标。自此，中国建立起碳达峰和碳中和的“1+N”的政策体系，大力推进能源、交通、农业、建筑等重点行业的低碳绿色转型和产业结构优化升级。实现“双碳”目标是一项复杂、艰巨的系统工程，远非人们想象中的那么乐观，再生能源代替化石能源的路径并非十分顺畅。需要保障好能源供应安全，满足经济持续发展对能源的巨大需求，照顾利益受损害的地区和人群。这些问题的解决需要依靠大量持续深入的理论研究和科学探索，需要有海量的人力物力财力投入。设计合理的市场机制和工具将在向碳中和迈进的过程中发挥资源配置的关键作用，将对企业和家庭两大基本经济单位减排带来有效的激励与约束。

本书选择了净零路径的八大问题：（1）应对气候变化的目标、路径规划与机制选择；（2）正视困难与挑战；（3）抓住减排的关键——电力系统；（4）碳市场及其应起的作用；（5）不同碳市场间的相互作用与如何避免“漂绿”；（6）企业与消费者的行为模式是否会轻易改变；（7）公正转型与跨境碳交易和CBAM；（8）大力支持绿色技术的研发及相关领域投融资。本书围绕上述八大问题展开论述，以期正视应对气候变化实现净零过程的困难和脆弱性，探究运用激励机制特别是碳市场可能带来的更优解决方案。

问题一　应对气候变化的目标、路径规划与机制选择

一、1.5℃目标、全球减排总量目标与国家自主贡献（NDC）

（一）从1.5℃目标到明确的全球减排总量目标

进入工业化时代以来，人类主要使用的能源从木材转变为化石能源。这一革命性转变在提高生产力、驱动社会进步的同时，也将大量的二氧化碳等温室气体排放到大气中。温室气体浓度的升高强化了大气层阻挡热量逃逸的能力，在温室效应的持续作用下，全球气温快速升高。根据中国气象局气候变化中心发布的《中国气候变化蓝皮书（2022）》最新监测信息，2021年全球平均温度较工业化前水平（1850—1900年平均值）升高了1.11℃，是有完整气象观测记录以来的7个最暖年份之一。特别是近20年（2002—2021年）的全球平均温度较工业化前水平升高了1.01℃。2023年7月，人类经历了有史以来温度最高的夏天。与此同时，中国的升温速率高于全球平均水平，2021年中国地表平均气温为1901年以来的最高值。

上述气候变化对人类赖以生存的自然环境产生了破坏性影响，极端天气、自然灾害、传染病肆虐等事件频发。此外，气候变化问题还对人类经济社会发展产生了很多深层次的威胁，如贫富差距进一步拉大、全球不平等问题加剧等。因此，控制二氧化碳排放以减缓全球气候变暖成为重要的全球议题。在联合国多年的倡议和推动下，目前全球有193个气变公约缔约方加欧盟签署了《巴黎协定》，承诺在21世纪末把全球平均气温较工业化前水平的上升幅度控制在2℃以内，并

力争控制在1.5℃以内。

如前所述，目前全球平均气温升幅已达1.11℃，为争取1.5℃目标的实现，全球需要采取更有力的措施。2021年联合国政府间气候变化专门委员会（IPCC）第6次气候评估报告（AR6）指出，从自然科学角度看，限制人类活动引起的全球变暖就必须限制二氧化碳的排放。具体而言，人类累计排放二氧化碳量和全球气温升幅有明确的线性关系，即每增加1万亿吨二氧化碳排放，全球平均气温会升高0.27℃~0.63℃。

因此，为实现1.5℃目标，全球必须设立明确的二氧化碳减排总量目标，即温升控制目标必须转化为明确的数量限制。根据IPCC测算，若在21世纪末把全球温升幅度控制在1.5℃以内，则2020年开始的未来碳排放空间为4000亿~5000亿吨；若把温升控制目标设定为2℃，则2020年开始的未来碳排放空间为11500亿~13500亿吨。为此，COP26《格拉斯哥气候公约》已明确提出为实现1.5℃温升控制目标所需要确立的全球减排目标和路径，其中包括2030年全球二氧化碳排放量相对于2010年的水平应下降45%。

（二）国家自主贡献（Nationally Determined Contribution，NDC）与1.5℃目标的差距

1992年达成《联合国气候变化框架公约》以来，全球气候治理进程不断推进，各国应对气候变化的目标承诺模式也从《京都议定书》呈现出的“自上而下”特征转向《巴黎协定》确定的“自下而上”核心机制，即各缔约方以自主决定的方式确定其气候目标和行动。由此，当前全球对二氧化碳减排总量是没有明确分配机制的，实现全球碳减排总量目标主要依靠各国提交的NDC。

根据联合国气候变化框架公约秘书处的最新报告，截至2023年9月25日，《巴黎协定》的193个缔约方已提交168份NDC，覆盖了2019年全球温室气体排放量的约94.9%。然而，尽管相较于2016年4月4日的NDC已取得较大的进展，但基于各缔约方最新的NDC估算，与《巴黎协定》提出的温升控制目标仍有较大差距。

根据联合国气候变化框架公约秘书处的分析，如果实现无条件的

NDC 目标，那么 2030 年的二氧化碳排放离 2℃和 1.5℃的温升控制目标要求分别有约 151 亿吨和 229 亿吨的超额排放。即使考虑实现有条件的 NDC 目标，那么 2030 年的二氧化碳排放与 2℃和 1.5℃的温升控制目标相比仍分别有约 116 亿吨和 195 亿吨的超额排放。从排放余量看，在 1.5℃的温升控制目标下，未来还有约 5000 亿吨二氧化碳的排放额度。若按照最新的 NDC 估算，2020—2030 年将用掉 87%的额度，这就意味着从 2030 年到 21 世纪末的 70 年间，全球仅可排放 700 亿吨二氧化碳，而这个量级仅等同于 2030 年前约不到 2 年的排放水平。

联合国环境规划署（UNEP）发布的《2023 年排放差距报告》也给出了相同的警告，若无条件的 NDC 如期实现，预计 21 世纪末全球气温升幅会达到 2.9℃；即使有条件的 NDC 如期实现，预计 21 世纪末全球气温升幅会达到 2.5℃。

因此，基于现有的气候承诺，我们已经严重偏离《巴黎协定》1.5℃的温升控制目标，全球各国急需进一步提升 NDC，实施更大力度的碳减排措施，以期进一步缩小排放差距，增大《巴黎协定》长期气候目标实现的可能性。

（三）各国的国家自主贡献（NDC）需要联合国协调

NDC 是一个国家自主提出的对未来一段时间拟采取气候行动的总括。由于发达国家和发展中国家所处的发展阶段及社会构成不同，其碳减排进程必然是不一致的。因此，在全球碳减排总量目标下，各国的 NDC 必然存在差异，而这种差异也会影响总量目标的实现。

从现实情况看，发达国家减排进程整体缓慢，特别是由于新冠疫情、地缘政治和能源危机的影响，应对气候变化的优先级显著下降。甚至一些发达国家意识到难以实现减排目标后，不仅没有提出强化措施，反而试图回避近期目标，将国际社会的注意力转移到更具不确定性的远期目标。

对发展中国家而言，由于受资金和技术水平的限制，其应对气候变化的能力与发达国家存在较大差距，需要相应的支持和援助才能确保 NDC 的有效实施。中国的“双碳”目标提出 2060 年前实现碳中和。然而，还有一些发展中大国的碳减排行动相对靠后，NDC 不够积极。从环境紧迫性来讲，所有大国应该争取提前实现碳中和。

因此，NDC 需要联合国协调，否则碳减排总量限制目标是无法实现的。所谓协调，就是提升 NDC 的雄心和推动把 NDC 目标转为实践。同时，如果考虑共同但有区别的原则，允许发展中国家和地区的减排进程稍慢，那么为达到全球总量目标，就需要发达国家更快一些，这样才能保证 1.5℃目标的实现。

二、实现碳中和目标的路径、动态规划和排放余量

（一）碳中和目标的实现路径：动态规划与最优解

对于各国已明确的碳中和目标，如何设计从现在到 2030 年、2050 年或 2060 年的最优实现路径，即路线图、时间表，需要在这一时间段内平衡好各期经济和碳排放的关系。

从定性分析看，最优实现路径是在平衡经济总产出带来的社会正福利和碳排放总量造成的社会负福利之间的关系。在经济层面，总产出越多，一是人们的当期消费就越多，社会福利水平就越高；二是用于未来技术投资，特别是低碳转型方面的投资就越多，就越有利于实现更高质量的增长。在碳排放方面，一是碳减排总量越多，对环境的负面影响、对人们身心健康的损害、对劳动力的长期损害就越小，因此可以视作对未来的一种投资；二是碳排放强度越低，就意味着在同等的碳减排水平下，经济产出损失越少。

从定量分析看，需要使用动态规划这一数学方法分析经济产出和碳减排的跨期数量关系，求解最优解。

动态规划是一种常用的数学方法，可用来求解跨期最优决策问题。在现实生活中，一些经济活动可以分成若干个互相联系的阶段，每一阶段都需要作出决策，从而使整个过程达到最好的效果，这就是多阶段决策的最优化问题。多阶段决策问题与时间有关，决策不仅依赖当前状态，而且引起状态的转移，从而形成一个变化状态中的决策序列，运用动态规划可以把多阶段过程转化为一系列单阶段问题逐个求解。

对应到碳减排问题上，就是给定碳减排总量目标后，如何设计从现在到2030年、2050年、2060年的最优碳减排路线图、时间表。最优路径具有一个数学性质，即在这一时间段内，任选一个时间起点和终点进行子优化，最优解还是这一路径。那么，我们就可以在所有可能的实现路径中，通过这一条件进行筛选，找到的路径即最优路径。在具体时间区间的选择上，不一定需要细化到每一年度，而是要设置更宽一点的时间段，如2025年之前、2030年之前、2050年之前等，使期间每一年的目标具有一定弹性，这是因为碳减排相关的研发投资和技术更新需要时间，可能出现跨年的情况，所以应选择更宽一点的时间区间。

有了碳减排路线图、时间表以后，关键年份的二氧化碳总量控制目标就有了，相当于在过去传统的GDP增长目标上，加了一个额外的约束条件。通过求解最优化问题，就能计算出这个约束条件对应的影子价格，即碳社会成本（Social Carbon Cost，SCC），这是在社会福利意义上碳的真实成本。若以此对碳排放定价，并通过价格机制有效发挥作用，则可以实现生产要素的最优配置，进而引导碳减排和清洁技术升级，实现社会低碳转型。

以上是一个基础理论分析框架，现实中有更为复杂的影响因素、实际困难和不确定性，因此，应当作一些情景分析，考虑不同的预案。

其中，需要重点关注未来技术存在的不确定性。理论上，技术可以分为两个方面，一方面是全要素生产率的提升，即用较少的投入实现较高的产出，特别是较少的能源投入；另一方面是清洁技术的进步，即在实现较高的产出的同时产生较少的碳排放。上述两个方面都会改变经济总产出和碳排放的数量关系，从而调整最优实现路径。例如，如果未来可以实现高温气冷堆、可控核聚变等技术的突破，且可以以较小的成本投入使用，那么人们就可以以较小的当期经济损失为代价实现碳减排。

此外，在实现碳中和的路径上还应当注重发挥金融市场的作用。从上述分析来看，碳中和的实现路径需考虑以下几个方面：一是近期和远期的关系，这就涉及投资、平滑消费等需求，不论是宏观经济还是微观主体，碳减排都可以视为对未来的投资，金融市场可以反映未来资金价格并提供跨期投资的金融工具，宏观上为经济碳减排筹集资金，微观上帮助企业安排各期最优产量和技术研发投入。IEA《全球能源部门2050年净零排放路线图》报告分析，在2050年净零排放情景下，全球能源投资将从2017—2021年的年均2万亿美元扩大到2030年前的年均近5万亿美元，以及2050年前的年均4.5万亿美元。二是生产和碳排放的关系，金融市场可以对碳减排行为进行定价，从而为企业微观决策提供依据，即企业按照自身边际减排成本等于碳价的原则安排最优产量和碳减排量。三是应对不确定性，金融市场对未来技术变化等不确定性比较敏感，可提前反映，并具有定价功能，也具有揭示各类风险并提供对冲工具的功能，从而帮助市场主体感知技术变化、平滑消费、防范风险，从而更好地实现碳减排。

（二）各行业实现碳中和路径

从全球看，能源行业占当今温室气体排放的四分之三左右，全球能源行业碳减排最为关键。2021年，IEA撰写了《全球能源部门2050年净零排放路线图》报告，提出了全球能源行业按期实现净零排放的路径建议，主要包括：2030年前以空前力度推进清洁技术，电力行业是重点，2040年全球电力实现净零排放；2050年清洁能源技术创新取得巨大飞跃，最大创新机遇涉及电池、氢电解槽和直接空气捕获储存；净零转型要服务大众，让7.8亿无电人口用上电，26亿人口烹饪燃料清洁化；可再生能源成为主导能源，化石燃料在能源供应总量中的占比由目前的近五分之四减少到2050年的略超五分之一；不再批准油气田新开发项目和新建煤矿或扩建、延期现有项目，清洁发电、网络基础设施和终端用能行业的投资大幅增长；能源转型关键矿物的供应、电力系统的灵活性成为能源安全方面的重要问题。此外，报告指出，以上路径较少考虑碳抵消和负排放技术，同时强调发达经济体必须先于新兴市场和发展中经济体达到净零排放。

从中国来看，中国已建立起碳达峰碳中和“1+N”政策体系，全面指导中国实现“双碳”目标的总体路径规划。“1”为2021年10月

24日发布的《中共中央 国务院关于完整准确全面贯彻新发展理念做好碳达峰碳中和工作的意见》，管总管长远；国务院同期发布了《2030年前碳达峰行动方案》。“N”包括能源、工业、交通运输、城乡建设等分领域分行业的碳达峰实施方案，以及科技支撑、能源保障、碳汇能力、财政金融价格政策、标准计量体系、督察考核等保障方案。各省份也都相应地制定了指导所在省份实现“双碳”目标的政策文件。

顶层设计文件“1”设定了2025年、2030年、2060年的主要目标：到2025年，非化石能源消费比重达到20%左右，单位国内生产总值能源消耗比2020年下降13.5%，单位国内生产总值二氧化碳排放比2020年下降18%；到2030年，非化石能源消费比重达到25%左右，单位国内生产总值二氧化碳排放比2005年下降65%以上，2030年前实现碳达峰；2060年非化石能源消费比重达到80%以上，实现碳中和。这是中国实现“双碳”目标的总路线。同时，《2030年前碳达峰行动方案》提出了十大行动，涉及能源绿色低碳转型和节能降碳增效、工业、城乡建设、交通运输等重点行业，从循环经济、科技创新、提升碳汇、全民动员等方面发力，并提出各地区梯次有序达峰。从已发布的文件来看，各行业减排增效的方向和“十四五”时期的任务清晰，“双碳”的量化目标还有待明确。

2022年底中石化发布《中国能源展望2060》，预测中国一次能源消费量在2030—2035年达峰，峰值约60.3亿吨标煤，2060年降至约56亿吨标煤；预计中国能源活动相关碳排放量在2030年前达峰，剔除原料用能的固碳部分后，峰值约99亿吨，2060年降至17亿吨，将通过CCUS、碳汇等实现碳中和。

专栏1

IEA对全球能源行业及主要用能行业2050净零排放路线规划

IEA在《全球能源部门2050年净零排放路线图》中规划了全球能源供应部门、发电部门，以及工业、交通运输和建筑物三大终端用能部门实现净零排放的路线图。

1. 能源供应部门

IEA测算，在净零排放情景下，全球化石燃料用量从现在到2050年将大幅下降。其中，煤炭用量将从2020年的52.5亿吨下降到2030年的25亿吨、2050年下降至6亿吨以下；石油需求将从2020年的8800万桶/天下降到2030年的7200万桶/天、2050年的2400万桶/天；天然气将从21世纪20年代中期的4.30万亿立方米下降到2030年的3.70万亿立方米、2050年的1.75万亿立方米。除了已经批准开发的油气田，不需要再开发新的油气资源，也不再需要新建或延期煤矿。同时，低排放燃料将快速增长，其在全球终端能源需求中的占比将从现在的1%提升至2050年的20%。其中，液体生物燃料、生物气的供应量到2050年将分别增加3倍、5倍，低碳氢和氢基燃料在全球能源终端需求中的占比将在2050年达到13%。

2. 电力部门

IEA测算，在净零排放情景下，全球电力需求将迅速增长，从现在到2030年增加40%、到2050年增加150%以上；来自发电的排放量，在发达经济体中将于2035年降至净零，全球范围内则将于2040年降至净零。IEA提出，电力部门转型是实现净零排放的核心，也将是最早实现净零排放的部门，可再生能源对电力脱碳的贡献最大，其在电力总产出中的占比将从2020年的29%上升到2030年的60%、到2050年接近90%。其中，太阳能光伏和风能将在2030年到2050年之间每年分别增加600吉瓦、340吉瓦，且均需要相应增加装机和扩大电池容量。IEA还强调，电网投资是实现转型的关键，电网投资额到2030年将增加200%，到2050年一直保持在高位。

3. 工业排放、交通运输与建筑物

关于工业排放，IEA测算，全球工业排放到2030年将下降20%，到2050年将下降90%。净零排放情景中，2050年约60%的重工业减排量将来自氢能或CCUS。自2030年起，所有新增工业产能都将接近零排放。

关于交通排放，IEA测算，全球交通运输排放量到2030年将下降20%，到2050年将下降90%。2035年绝大多数全球销售的汽车将是电动车，到2050年绝大多数销售的重型卡车将是燃料电池或电动车，但航空和航运的减排仍然颇具挑战。

关于建筑业，IEA测算，全球建筑物排放量到2030年将减少40%，到2050年将减少95%以上。到2030年，全世界现存建筑物约20%将得到改造，新建筑物全部符合零碳就绪建筑物标准。到2050年，电力将满足建筑物用能的66%，从现在到2050年用于供热的天然气用量将下降98%。

（三）排放余量问题

路径设计还取决于对最终目标的估计，即到2050年或2060年是全社会都实现净零排放，还是有些行业、有些企业做不到净零排放，还有残留的化石能源使用。这里涉及对二氧化碳排放余量的测算问题。

IEA预测，全球化石燃料消费在能源供应总量中的占比将由目前的近80%降低到2050年的略高于20%，涉及用途包括碳商品（如塑料）、配有CCUS装置的生产设施，以及缺乏低碳技术的部门。这意味着到2050年，碳排放量最大的能源部门仍不能完全脱碳。即使2050年各国已成功实现已有的减排承诺，届时全球仍将排放约220亿吨的二氧化碳。根据清华大学气候变化与可持续发展研究院2021年的测算，2019—2060年，中国的化石能源在能源中占比将从85%下降到13%，其中煤炭的降幅非常大，天然气和石油还留有一定比例。清华大学张希良教授团队2022年的研究表明，到2060年实现碳中和目标时，煤炭、石油和天然气在一次能源消费结构中的占比分别为10%、6%和4%（见表1）。相关研究的具体测算结果稍有差异，但核心思想一致，即实现碳中和时我们依然会产生相当量级的二氧化碳排放，在全部生产和生活过程中把碳排放完全降到零是非常困难的。因此，必须考虑排放余量的问题。这个范围里的碳排放需要通过碳移除、碳沉降等方式来抵消，包括碳汇、CCUS、DACCS、生物技术吸收碳等。

表1　2060年碳中和情景下一次能源消费结构

能源	2020年	2025年	2030年	2035年	2040年	2050年	2060年
核电	2%	3%	4%	6%	7%	10%	15%
可再生能源	14%	17%	22%	29%	39%	53%	65%
煤	57%	51%	44%	34%	26%	17%	10%
油	19%	18%	18%	17%	17%	13%	6%
天然气	8%	11%	13%	14%	11%	7%	4%

资料来源：张希良，等．碳中和目标下的能源经济转型路径与政策研究［J］．管理世界，2022（1）．

从以上分析可以看出，路径设计需要考虑针对未来碳排放余量吸收技术方面的研发投入安排，且这一部分的实际数量可能非常大。假设全社会都能实现净零排放，这些技术可以不开发。但如果有些行业、有些领域不能完全实现净零排放，针对这些吸收排放余量技术的开发机制，以及如何产生激励回报机制就显得非常重要。

综合以上分析可以看出，各国碳中和实现路径是一项系统性工程，涉及面广、时间跨度长、协调难度大。因此，需要有效的配套体系，既要有市场激励体系（Incentive），又要有政府政策约束体系（Regulation）。企业、消费者等微观主体通过市场掌握价格、感知风险、筹集资金、作出最优减排，实现激励相容；政府通过明确长期碳减排目标、引导市场预期、规范企业履约等，发挥搭建市场和保障市场有效运行的作用。

三、实现碳中和目标的机制：自觉性、行政计划还是市场机制？

实现碳中和目标需要将全球碳减排总量分解到国家和地区，而在一个国家层面，碳减排数量目标的分解机制主要有三种：依靠自觉性、行政计划和市场机制。

依靠自觉性主要是指各主体作出减排承诺并认真履行。然而，从当前实践看，多数实体的内在动力不强，没有太多响应，也缺乏外部刚性约束和监督机制。企业往往表态积极，但实际行动有差距。而且，企业如果不能兑现承诺还可以选择退出。消费者的行为主要受市场价格机制调节，因此对其自觉性不能作过于乐观的假设。

行政计划具有强制性，但是否真正有效还取决于是否准确反映了价格因素。从这个角度看，靠计划的减排手段有两种：一种是价格基本正确的计划，这个价格可以体现为税收或补贴等，企业和消费者可以得到有效激励，计划执行效果较好；另一种是基本不管价格合理性的计划，放任价格扭曲或僵化，最终导致计划得不到执行，偏离社会最优目标。

市场机制主要指的是，在政府给定碳排放总量限制的前提下，通过市场主体在碳市场交易碳配额形成和传导碳价，并进一步引导企业减排、清洁技术升级、实现经济低碳转型等。不同于其他市场，碳市场是有配额的市场，其特点是衍生需求和外生供给。其中，碳配额的需求是企业生产行为和碳排放约束衍生出的需求，不因能带给消费者效用而直接产生。碳配额的供给是外生的且缺乏弹性，由政府综合考虑碳减排目标、经济发展、技术水平等因素确定，不会简单因碳价上涨而增加。

如果这种机制可以得到有效实行，则既可以实现碳排放的总量限制，又可以根据碳减排的实际难度，以及所需投资和设备更新的时间进度进行跨期配置。同时，这种激励机制会引导大量的资金投向碳减排。但是，市场配置也存在一定的难度，如涉及过渡期、配额分配、碳市场联通以及碳关税等问题。

现实中，市场机制不够有效的一个主要原因是碳价偏低，没有真正地反映碳排放带来的社会损失，即碳社会成本（SCC）。著名经济学家布兰查德和诺贝尔经济学奖得主梯若尔在分析应对未来的三大经济挑战之气候变化时，提出的第一个建议是旗帜鲜明地支持“把碳价格搞对”，他们认为碳价实施不力主要是因为碳减排目标过低，对化石燃料允许太多豁免以及对未来的碳价格预期缺乏指导等，这将导致无法产生理想效果。现实中人们往往还不太愿意向最优影子价格靠拢，政府也下不了决心提出应有的减排目标，导致碳市场出现碳价偏低的问题。

市场机制不够有效的另一个主要原因是碳价传导受阻，即碳价在向终端消费传导的过程中受到非市场化因素影响的问题。碳价在经济体系中具有基础定价作用，碳价遵循碳足迹进行传导并根据产品的替代效应、清洁技术的发展等出现一定程度的衰减，即企业购买碳配额的成本会转嫁至产品价格，转嫁比例取决于清洁生产技术；而市场供需关系会抵消部分转嫁，抵消比例取决于产品的可替代程度。然而，若碳排放部门存在非市场因素，导致产品价格没有发生应有变化时，则会阻碍碳价传导，进而造成相对过剩或短缺，如碳减排过程中出现过的因煤价高无法传导至电价而导致煤电大面积亏损和拉闸限电等现象。

因此，当市场不能有效运行时，也需要指令性计划、道德说教、罚款等其他措施补充。这些问题是碳市场建设本身需要直面和解决的，但是从长期看，实现碳减排最可靠的机制还是依靠市场。

问题二　正视困难与挑战

应对气候变化迈向碳中和任务艰巨、紧迫，需要正视困难与挑战。要在经济发展与绿色低碳转型之间取得平衡，不能产生盲目乐观情绪，还需要扎实做好度量和确保诚信等基础工作。

首先，要防止因绿色技术推广而盲目乐观。随着太阳能和风能成本大幅降低，很多人认为过渡到新能源好像已是理所当然，没有太大困难。其实，新能源广泛替代传统能源的过程，特别是电力系统的转型仍然相当复杂，存在很多困难，需要大量地投入研发和进行设备更新改造。而且，即便是新能源得到广泛部署和使用，由于风电、光电的间歇性，还需要有后备容量、储能调频和峰值供电等运作安排。这其中，可能还会用到化石能源来提供辅助服务，而且储能的开发与建设也并非易事。因此，前景不会那么乐观。

根据能源转型委员会（Energy Transitions Commission）2023 年 3 月发布的报告《转型融资：如何使资金流向净零经济》测算，2021—2025 年，全球每年需要 2.4 万亿美元的能源转型投资，占全部转型投资的 70%。其中，约 9000 亿美元需投向电网、2000 亿美元需投向储能，二者合计约占能源投资的 46%（见表 2）。

表 2　2021—2050 年低碳能源投资需求构成

行业		金额（亿美元）	占比（%）
电力	可再生能源和其他零碳电力	13000	38
	电网	9000	26
	储能和灵活性改造	2000	6
小计		24000	70
建筑		5000	15

续表

行业	金额（亿美元）	占比（%）
交通	2400	7
碳移除	1300	4
氢	800	2
工业	700	2
总计	58200	100

资料来源：英国能源转型委员会 2023 年 3 月报告“Financing the Transition：How to Make the Money Flow for a Net-Zero Economy”。

其次，不能因企业提升承诺而过于乐观。近几年，特别是在 COP26 前后，世界众多大企业作出了净零承诺。截至 2023 年初，《福布斯》排名前 2000 家最大型上市公司中有 40%设立了净零目标①（行业分布见图 1）。与此同时，2021 年 4 月成立的格拉斯哥净零金融联盟（GFANZ）将净零银行业联盟、净零资产管理人联盟、净零保险业联盟聚合在一起，推动来自 45 个国家的近 500 家金融机构在 COP26 承诺将所管理的 130 万亿美元资金用于实现《巴黎协定》设定的气候目标。

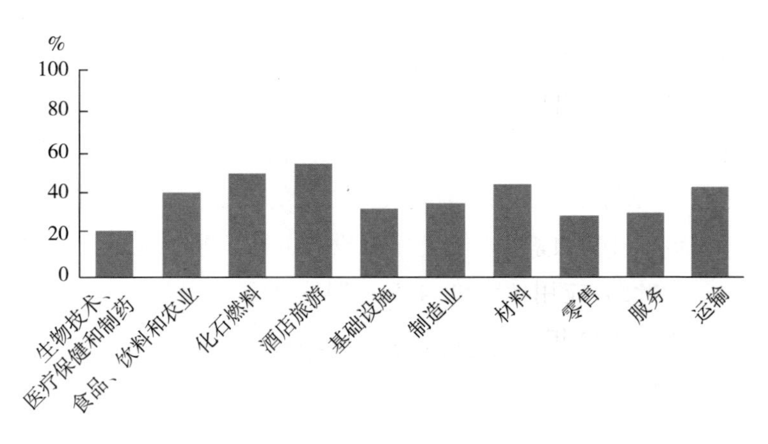

图 1　分部门公司层面净零承诺

① Catherine Mckenna. Companies Need to Stop Greenwashing and Get Serious with Net-zero Pledges [R]. The Globe and Mail, 2023.

但是，从当前情况看，净零承诺的落实力度并不强。安永的一项研究表明，尽管80%的FTSE 100公司已公布了2050年实现净零的某种计划，但只有5%的公司制订的计划与英国政府2022年设立的转型计划特别工作组草拟的披露框架相符。而且，资管巨头先锋集团于2022年底宣布退出GFANZ中的气候投资联盟净零排放资产管理人倡议（Net Zero Asset Managers Initiative）。2023年上半年，瑞士苏黎世保险、德国慕尼黑再保险、汉诺威再保险以及瑞士再保险先后退出GFANZ中的净零保险联盟（NZIA）。这些金融机构均担心因虚假承诺被监管机构处罚。实际上，企业是具有很大灵活性的实体，会根据市场情况随机应变。而且，企业也有生命周期，可能转行甚至关闭，因此难以确保兑现承诺。再者，金融机构涉及的投资都是其资产负债表各项目的加总，靠自身投入减排的业务量可能相当有限，因此，所作承诺与真实减排的差距可能非常大。此外，在全球层面，发达国家与新兴市场和发展中国家对碳减排承诺的看法差距也很大。

再次，要直面保障能源安全与稳定的困难。从2022年爆发的地缘冲突看，全球能源系统，特别是电力系统相当脆弱。极端炎热的夏季，再加上生产用电量快速攀升进一步加大了对电力供应的需求。面对这种情况，即使对能源价格放开程度很高的欧洲而言，各国也非常明了价格放开后很可能出现超调，因此，多国已经实施或曾经考虑采取限价措施。这些都涉及能源安全问题，而且争议较大。为保障能源安全与稳定，中国也采取了有序用电的措施。应该说，无论是企业还是消费者，已很难接受频繁中断的电力供应，而是希望电力以及其他能源（包括供热和交通应用的能源）供应安全稳定。IEA《煤炭市场报告2022》指出，2022年，由于俄乌冲突和气候变化，全球煤炭发电量创下新纪录，超过2021年的水平；主要由印度和欧盟强劲的煤电增长以及中国一定程度的增长所推动。由此，在实现碳中和的过程中，保障能源安全与稳定的复杂程度可能远大于过于乐观的假设。

最后，在度量与确保诚信方面仍有较多工作需要开展。先是对经济实体碳排放量的度量，即碳核算，涉及核算方法选择、数据收集等方面的大量基础性工作。世界资源研究所（WRI）和世界可持续发展工商理事会（WBCSD）自1998年起逐步制定企业温室气体排放核算标准（GHG Protocol）。同时，GHG Protocol 针对温室气体核算与报告设定了三个“范围”，即范围1、范围2和范围3。其中，范围3的排放量最大、核算难度也最大。根据 Carbon Disclosure Project（CDP）2021年对全球企业展开的温室气体排放问卷调查的结果，在11457家样本企业中，71%报告了范围1碳排放，55%报告了范围2碳排放，只有20%报告了范围3排放量。而且，这些企业的供应链碳排放比经营性碳排放高出11.4倍。CDP 针对332家金融机构的另一项研究结果表明，这些金融机构投融资活动的碳排放是经营性碳排放的700倍。

在对碳排放进行核算的同时，还需对碳减排进行度量，即对带来温室气体减排效果的项目的减排量进行量化核证，并经过官方认证、登记，成为核证减排量（CER），用于碳市场交易。中国自2012年开始建立国内的自愿减排碳信用交易市场，碳信用标的为国家核证自愿减排量（Chinese Certified Emission Reduction，CCER）。2017年以后 CCER 被停止签发，2023年中国生态环境部就《温室气体自愿减排交易管理办法（试行）》广泛征求了公众意见，并于2024年1月正式重启 CCER。从过去的实践看，包括 CCER 在内的碳信用减排量度量还存在不少困难，这些都可能影响碳市场的发展和碳减排行动的落实。而这方面的专业队伍也还远远不够，中国国内尚未建立起统一的管理体系。对于第三方核查机构及人员资源并没有强制性要求，各省差别也较大。一些第三方机构在度量方面并不一定具有专长。这需要培养力量，也需要花时间慢慢地使专业机构建立起诚信，而不是参与作假。

在确保诚信上，我们看到，2022年3月，中共中央办公厅、国务院办公厅印发了《关于推进社会信用体系建设高质量发展促进形成新发展格局的意见》（以下简称《意见》），要求完善生态环保信用制度。将全面实施环保、水土保持等领域的信用评价，深化环境信息依法披露制度改革，推动相关企事业单位依法披露环境信息。要求聚焦实现碳达峰碳中和要求，完善全国碳排放权交易市场制度体系，加强登记、交易、结算、核查等环节信用监管。发挥政府监管和行业自律作用，建立健全对排放单位弄虚作假、中介机构出具虚假报告等违法违规行为的有效管理和约束机制。各方需要积极采取行动推进《意见》落实。

2023 年 12 月 27 日，国家市场监督管理总局发布了《温室气体自愿减排项目审定与减排量核查实施规则》（以下简称《实施规则》）。《实施规则》规定了温室气体自愿减排项目审定与减排量核查的依据、项目审定与减排量核查程序以及相应的信息报送要求。《实施规则》指出，审定与核查机构应依据规则要求编制审定与核查实施细则，并向市场监管总局（国家认监委）备案后，与规则配套使用。温室气体自愿减排项目应通过审定确保产生真实、可测量的、额外的减排量，并由官方指定的第三方机构核查确认减排量的真实性后才能将项目产生的减排量用于碳市场交易。《实施规则》的推出，为温室气体自愿减排项目的项目审定与减排量核查提供了实施指南，有助于推动温室气体自愿减排项目的诚信发展，是自愿减排交易市场规范化建设的重要支柱。

因此，以上困难都需要加以正视，需要很大投入才能够实现。如果认为这些事情都很容易做到，就容易出现到未来由于投入不足产生制约因素，阻碍碳减排的推进。

问题三　抓住减排的关键——电力系统

当前所讨论的能源安全问题，其重点之一是电力系统的安全问题。在迈向净零排放的过程中，需要保证电力系统安全稳定运行，经济和社会不会因应对气候变化行动而承担过大的成本。可以说，电力系统是全球应对气候变化、实现低碳转型的重中之重。电力行业在能源转型中的角色涉及电力供给侧的生产零碳化和电力消费侧的终端电气化。在中国，从碳达峰到碳中和，电力生产零碳化和终端用能电气化将分别贡献约31%和16%的二氧化碳减排量，是实现净零碳排放的两大重要策略。价格调节和市场手段将有力地推动两大策略的实施[①]。

一、电力系统是主要国家碳减排的工作重点

2020年和2021年，全球电力系统碳排放总量分别为135.02亿吨和143.78亿吨，占全球碳排放总量320.79亿吨、338.84亿吨的42%、42%。尽管各国情况有所区别，但总体来讲，很多国家的二氧化碳排放中，电力系统占了将近一半或者至少是排放最大的主体，跟中国的情况有所类似。中国每年略超过100亿吨的碳排放中，电力系统的排放大约占45%。从G20其他成员看，2021年，印度尼西亚电力系统的碳排放占比为44.48%；占比在30%~40%之间的成员有美国、印度、欧盟、加拿大、澳大利亚、韩国、沙特阿拉伯、德国、墨西哥（见图2与表3）[②]。

---

① 落基山研究所．先立后破，迈向零碳电力——探索适合中国国情的新型电力系统实现路径［R］．2022.12.

② Source：International Energy Agency（IEA），U.S. Environmental Protection Agency，U.N. Food and Agriculture Organization. Global Carbon Project［R/CL］. https：// www.climatewatch-data.org/ghg－emissions？ breakBy＝coun tries&chartType＝line®ions＝G20§ors＝electricity－heat&source＝CAIT.

因此，如果不能做好重点行业的减排，很难保证应对气候变化的整体行动效果。

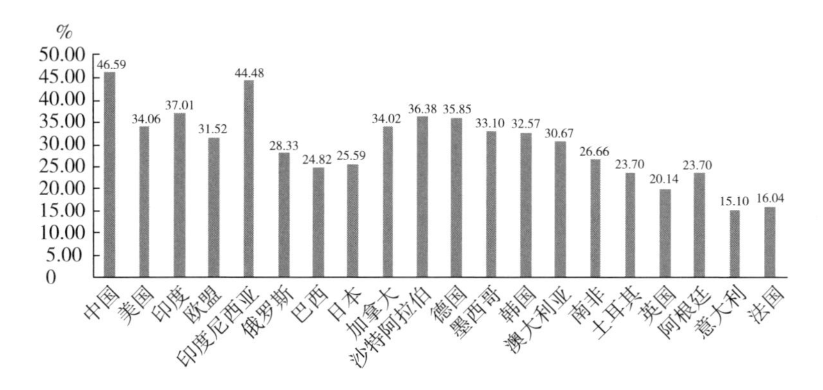

图 2　G20 国家电力/热力部门温室气体排放占比

表 3　全球国家/地区电力热力部门碳排放量统计及预测

单位：百万吨 CO_2

国家及地区	历史年排放量			现有政策下年排放量		承诺年排放量	
	2010 年	2020 年	2021 年	2030 年	2050 年	2030 年	2050 年
	12474	13502	14378	12759	9308	11330	3136
北美洲	2596	1730	1841	1000	438	695	49
美国	2346	1526	1633	823	281	548	-57
中南美洲	235	224	250	147	106	119	42
巴西	46	56	79	27	24	13	6
欧洲	1731	1131	1229	744	546	509	82
欧盟	1188	732	822	432	200	259	-7
非洲	421	454	473	455	400	388	163
中东	550	676	682	710	792	638	461
欧亚大陆	1034	949	993	879	880	811	656
俄罗斯	892	771	800	678	625	632	517
亚太地区	5907	8338	8910	8824	6145	8170	1685
中国	3486	5375	5798	5605	3515	5188	986
印度	785	1055	1199	1446	892	1395	111
日本	489	460	446	235	78	226	-12
东南亚	397	692	708	886	1103	811	339

数据来源：国际能源署（IEA）。

未来，电力系统的重要性还会进一步提高，因为其他许多行业以及小微企业的减排措施将从燃煤、燃油、燃气改为用电。假设未来的电是绿色电力，那么大量的减排任务就可以得到落实。因此，减少二氧化碳排放，电力系统所承担的任务占比不只是减少总排放的45%，可能未来会承担70%、80%左右的总减排任务。要落实这一重任将有赖于电力系统能否转向绿色电力和实现有效减排。

美西方国家在电力系统零碳化方面已经推出了时间表。麦肯锡的相关研究指出，在美国大部分市场中，太阳能、风能等可再生能源与煤和天然气相比已经具备成本竞争力，电力减排将成为推动如交通运输（电动汽车）、建筑（电力供暖）等其他行业绿色低碳转型的必备基础。2021年4月，美国制定了“到2035年实现零碳污染电力系统”的目标，成为美国实现到2030年碳减排50%~52%、2050年实现净零排放的重要内容。同年发布的《美国清洁能源法案》（*Clean Energy for America Act*），清洁电力、清洁交通、清洁燃料生产和提高能源效率方面的投资提供税收优惠，并包含了终止部分化石燃料的条款。为了鼓励发展清洁电力，该法案将为零碳排放或净负碳排放的设施提供基于实际排放量、技术中立的税收抵免。对关键电网改善的投资，例如独立的储能和大容量输电线路投资项目，将有资格获得全额投资税收抵免。

欧洲在电力系统实现净零排放方面雄心勃勃。IEA的净零路线图和IPCC的最新气候模型评估认为，欧洲必须在21世纪30年代中期实现完全脱碳的电力系统，才能将全球气温控制在1.5℃以内。英国制定了到2035年实现电力完全脱碳的目标；荷兰宣布2030年实现100%清洁能源发电；丹麦、奥地利决定2030年实现100%依靠可再生能源；葡萄牙2021年实现无煤发电，目前60%的电力供应来自清洁能源，计划2026年（比原先2030年提前4年）实现80%可再生能源发电。俄乌冲突爆发后，德国于2022年7月7日通过了《可再生能源法》修正案（EEG2023）等一揽子能源法案。相对2021年的法案，新法案要求2030年可再生能源在电力供应中的比例由65%提高到80%，“电力碳中和”在2035年基本完成，比旧法案的2050年大幅提前。

中国高度重视电力系统的低碳绿色转型，并保障好与经济增长相伴随的刚性电力需求。2022 年 1 月，国家发展改革委、国家能源局发布《关于完善能源绿色低碳转型体制机制和政策措施的意见》（发改能源〔2022〕206 号，以下简称 206 号文件），提出“到 2030 年，基本建立完整的能源绿色低碳发展基本制度和政策体系，形成非化石能源既基本满足能源需求增量又规模化替代化石能源存量、能源安全保障能力得到全面增强的能源生产消费格局”的目标。中国电力企业联合会在 2022 年初发布的《电力行业碳达峰碳中和发展路径研究》（以下简称《报告》）提出，应确保 2030 年前、力争 2028 年电力行业实现碳达峰，并逐步过渡到稳中有降阶段。报告预计，到 2025 年、2030 年、2035 年中国电力系统最大负荷将分别达到 16.3 亿千瓦、20.1 亿千瓦和 22.6 亿千瓦，“十四五”“十五五”“十六五”期间年均增速分别为 5.1%、4.3%和 2.4%。在核电、新能源及储能设施的建设成本呈加速下降趋势的背景下，为满足电力供应，仍需要建设更大规模的新能源装机，电源和储能设施年度投资水平需大幅提升。据测算，“十四五”“十五五”“十六五”期间，电源年度投资分别为 6340 亿元、7360 亿元和 8300 亿元。相比 2020 年，2025 年发电成本将提高 14.6%，2030 年将提高 24.0%，2035 年将提高 46.6%。另外，生态环境部环境规划院大气环境规划研究所、电力规划设计总院《中国电力行业二氧化碳排放达峰路径研究》课题组认为，在不考虑热电联产供热碳排放时，中国电力行业将于 2028—2031 年达峰；考虑热电联产供热碳排放，达峰时间为 2031—2033 年。如到 2030 年降低 2%左右的电力需求，达峰时间将提前 4 年左右①。

关于电力系统实现绿色低碳转型迈向“双碳”目标，206 号文件要求：加强新型电力系统顶层设计，包括推动电力来源清洁化和终端能源消费电气化；完善适应可再生能源局域深度利用和广域输送的电网体系；健全适应新型电力系统的市场机制，包括建立全国统一电力市场体系，加快电力辅助服务市场建设；完善灵活性电源建设和运行机制；完善电力需求响应机制；探索建立区域综合能源服务机制。

① https://view.inews.qq.com/k/20220311A042EQ00?web_channel=wap&openApp=false.

《报告》建议，电力碳达峰碳中和实施路径包括构建多元化能源供应体系、发挥电网基础平台作用、大力提升电气化水平、推动源网荷高效协同利用、大力推动技术创新、强化电力安全意识以及健全和完善市场机制等几大方面。在利用市场机制上，建议积极发挥碳市场减碳作用，加快建设全国统一电力市场，持续深化电力市场建设；推动全国碳市场与电力市场协同发展。

二、电力系统实现低碳转型的重要条件

（一）后备容量

电力系统的转型将主要依靠未来可再生能源，主要是风电、光电。中国在风电、光电方面发展速度非常快，装机量全球第一。同时，中国风电、光电的制造能力也非常强。不过，应该看到，由于风电、光电是间歇式发电，一年 365 天折合下来大约是 8800 个小时，风电年平均利用小时 2000 小时稍多一点，取决于是否有风资源强度；光伏和其他太阳能发电的年平均利用小时略高于 1000 小时，取决于各地的实际情况。近年来，随着可再生能源每千瓦装机成本降低，人们认为能源问题可以快速得到解决，但情况不那么简单。正是由于可再生能源发电具有间歇性，实际上利用风电和光电的量越大，就越需要有后备容量，可再生能源发电的渗透率越高，对后备容量的需求就越大。

后备容量（Reserve Capacity）包括能够应急发电和调峰的机组，其中可能有相当部分仍旧是火电，靠烧煤或者烧气。由于天然气资源不足，中国还有相当一部分的调峰机组要靠烧煤。而且，对于短时调峰需求，现有的火电机组由于没有快速起停性能，最低负荷量也不能降到很低，从而无法正常承担应急调峰的角色，需要进行灵活性改造。中国当前处于容量市场起步阶段，进行了有益探索，但政府预先制定的容量补偿价格未必与市场行情相符，定价过高会增加用户成本，定价过低则无法对发电商投资起到激励作用。因此，需要考虑采用市场化的方式反映容量价值，避免系统需要的机组由于经营亏损退出，同

时激励新的灵活性容量投资进入。

在运用市场机制和工具来保障后备容量上，欧盟的容量收入机制（Capacity Remuneration Mechanisms，CRMs）的实践可供借鉴（见图 3）。具体来看，欧盟主要有以数量为基础和以价格为基础的两种后备容量收入决定机制。以价格为基础的机制是按容量大小付费，目前意大利、葡萄牙、西班牙、爱尔兰等国家采取这种方式。

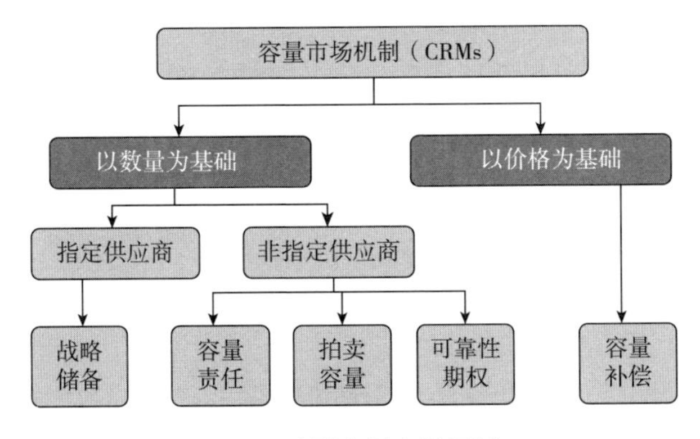

图 3 欧盟容量市场机制

以数量为基础的分为以下四种付费方式：

一是对战略储备（Strategic Reserve）付费。政府提前选定一些电力供应商作为战略储备提供方，并与电力系统管理机构提前制定下一年需要的储备容量，之后仅面对战略储备提供方进行投标和签订合约。中标的电厂不参加常规电力市场，而是按照合约容量规模准备发电所需的资源、人力和设备，在政府需要使用战略储备电力的时候及时提供。目前，德国、比利时、波兰、瑞典采取这种方式。

二是对容量责任（Capacity Obligation）付费。政府在电力市场中与一些大电厂签订合约，后者根据下一年的预期产能和预期市场需求确定"额外储备"（Reserve Margin，一般占预期电力需求的 15%～20%）。签订容量责任合同的大电厂可以通过以下三种方式实现容量责任并降低履约成本：（1）扩大产能；（2）与下游小型电厂进一步签订合约，将储备容量责任传导下去；（3）在二级市场上购买可交易容量凭证（Tradable Capacity Certificates），即将容量责任以凭证的形式分散化传递到所有电力市场供应者，凭证出售方帮助凭证购买方建立储备容量。目前，法国采取这种方式。

三是拍卖容量（Capacity Auction）。政府与电力系统管理机构提前制定下一年需要的储备容量并向全市场参与者拍卖。中标的电力供应商需要增加供应能力，新增加的产能可以进入常规电力市场进行交易。目前，英国采取这种方式。

四是可靠性期权（Reliability Options）。它是一种买入期权（Call Option），允许持有者在任何时候行使期权，以约定价格获得约定数量的电力供应。使用可靠性期权构建储备容量的国家需要进一步协助或监督关键的电力需求方，通过一级市场拍卖或二级市场交易，储备足够的可靠性期权，以保证在电力高峰时段获得安全的电力供应。意大利正在考虑采取这种方式。

（二）储能

能源转型的另一个条件是依靠储能。储能技术分为传统储能技术（抽水蓄能）和新型储能技术（非抽水蓄能，如电化学储能、氢储能、压缩空气储能、飞轮储能等技术）。中国在抽水蓄能方面迈出了非常大的步伐，当前正在加紧建设抽水蓄能项目。但是可以预见，抽水蓄能需要满足一定地理条件，并非想建多少就能建多少。中电联数据显示，至2023年底中国的抽水蓄能装机规模已达5094万千瓦。水利水电规划设计总院预计，到2025年，中国投运抽水蓄能电站规模约为6200万千瓦；到2030年，这一规模为1.6亿~1.8亿千瓦。尽管电化学储能（用电池储能）目前发展很快，但是其占比还相当低，中电联数据显示，截至2023年底，中国已投运电化学储能装机占全国电源总装机比例为0.86%，占新能源总装机的2.24%。同时也有一系列的问题需要解决。此外，氢储能也是一条出路，即将平常多余的电用来做电解氢及转化为氢基可持续燃料（氨和醇），缺电时用储存的氢、氨或醇发电并传输。

但是，目前在整个电量供应的过程中储能所能解决的问题占比仍旧很小。用新型储能技术规模占风电和光伏发电量的比例来看储能水平，根据相关数据估算，中、美、欧新型储能规模占风光装机总容量的比例分别为1.14%、3.05%和1.72%（见表4）。由此可见，当前在储能上还有很多任务需要解决，其中之一就是吸引风险投资进入储能技术的研发，以及广泛动员资金投入成熟的储能技术运用（电池储能技术投资情况见图 4）。

表 4　新型储能技术占风光电装机总容量比例（2022 年）

单位：万千瓦

经济体	光伏	风电	总计	新型储能技术	占比
中国	37000	39000	76000	870	1.14%
美国	14200	14640 *	28840	880	3.05%
欧盟	20800	25645 *	46445	800 *	1.72%

注：* 表示测算数据。

根据中国国家能源局数据，2022 年中国风电装机容量约 3.7 亿千瓦，太阳能发电装机容量约 3.9 亿千瓦，总计 7.6 亿千瓦。截至 2022 年底，中国已投运新型储能项目装机规模达 870 万千瓦。因此，中国 2022 年新型储能规模占风光装机总容量的比例为 1.14%（870 万千瓦/7.6 亿千瓦）。美国能源署（EIA）最新公布数据显示，2022 年美国光伏装机总容量达 1.42 亿千瓦。风电装机总容量在 2021 年达到 1.344 亿千瓦，2022 年上半年风电装机新增容量为 513.4 万千瓦，据测算，全年风电装机新增容量约为 1200 万千瓦。欧洲光伏产业协会数据显示，2022 年全欧洲光伏装机总容量为 2.08 亿千瓦。根据《全球风能报告 2022》的统计，2021 年欧洲风电装机总容量为 2.36 亿千瓦，2022 年新增装机容量约为 2050 万千瓦。因此，2022 年欧洲风光装机总容量约为 4.6445 亿千瓦，而 2022 年部署的电池储能系统装机容量约为 800 万千瓦，占比为 1.72%（80 万千瓦/4.6445 亿千瓦）。

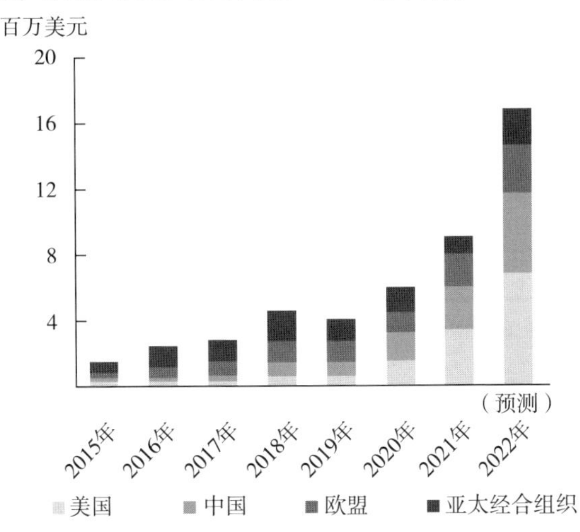

图 4　电池储能技术投资额

［数据来源：国际能源署（IEA）、Clean Horizon（2022）、BNEF（2022）、中国储能联盟（2022）］

三、几大关键任务

（一）先立后破

从一定程度上说，风电和光电发展越快对后备容量的要求越高，这与可再生能源发电刚起步时不同。刚起步时是尽可能充分利用风电和光电，之后发现一定要有相当的后备容量才能保证能源的安全稳定。所以，从保障能源安全稳定的角度来看，过去的一些估计和判断可能过于乐观，实际情况更为复杂严峻，需要作出更大努力。因此，当前阶段，如果说最重要的还是大力发展可再生能源，特别是光电和风电，那么当务之急应该是通过互补和配合来应付调峰，特别是保证脆弱条件下的电力供应，而不是立即停止所有化石能源设备。因此，需要先立后破。

如果由于电力供应不足出现限电现象，就不容易得到公众的大力支持。东欧国家在改革的过程中曾经出现过“改革疲劳症”，即如果改革推进很长时间但没能带来积极成效，同时社会承担的代价又过高，那么一段时间后改革的热情可能就会有所减弱。中国改革的道路一直具有“改进”特征，即不断在较小的步伐中获得新的福利，同时整个社会承担的改革成本没有明显扩大。这样就得到了各种市场主体和公众对改革的支持。

在应对气候变化中也应该有这种考虑，不能假设所有的消费者都有很高的觉悟，宁愿作出牺牲也会选择大幅减少温室气体排放。在此过程中如果不解决能源系统脆弱性的问题，可能使前景和道路受阻。

（二）把价格搞对

发展调峰和储能需要巨额投资，很多尚未破解的技术问题需要持续的研发投入，研发成功后还需要大量的设备投资来形成容量。以上都需要有更好的价格机制对相关主体加以激励。发挥碳市场的作用或者通过“碳税+碳市场”加上其他措施的综合举措可以提供有效的价格激励。

整个电力系统的安全稳定运行取决于供需双方。从供给方看，电力供给涉及很多方面的价格向量，如各种不同的电源、电网（电网可分成输电网和配电网）以及储能（包括抽水蓄能、电化学储能及其他可能的方式）。此外，储能设备处在不同的地理位置、距离长短不同，会导致电网建设的成本和限制不同。这些都需要有不同的价格来进行调节。

从用户端看，过去中国居民用电占全部用电量的比重很小，但是该比重正在逐步变大。曾出现的拉闸限电的一个场景是因天气过热居民都使用空调导致用电量急剧攀升。因此，未来在用户端需要有需求侧响应计划（电动汽车普及后更是如此）。这都需要有合理的价格来加以引导，包括分时电价和有配额的电价等。这些措施能够在依靠消费者觉悟以外激励消费者对价格多作出响应。因此，对于电力系统的“源、网、荷、储”都需要一组相当复杂的价格才能产生激励作用。

金融体系历来在处理复杂的价格体系上具有专长。大型的金融机构可能提供几百种金融服务，这些业务相互之间也有复杂的关系，都需要价格机制加以调配和提供激励。

近年来，电力需求端已慢慢进行了很多改革，包括有序放开工商业用电计划。2021 年拉闸限电现象发生以后，中国扩大了电力价格浮动区间。但与此同时也出现了不同的声音，有人认为越是这种情况越应该限制价格的浮动，而不是扩大价格的浮动。还有一个问题是，未来居民用电将成为电力消费非常重要的组成部分，是否可以参考国际上的一些经验和做法建立更好的需求响应，即在有富余电力的时候尽量抓紧用电，在电力紧张时推行节电措施。应该说，中国居民用电成本在整个消费支出中占的比例中仍旧相当小（见表 5）。因此，有余地进行需求端的电力价格改革。当然，需要循序渐进，防止引起过大震动。不过，这一问题目前存在很多争议，其中包括交叉补贴问题。交叉补贴是指为稳定居民用电价格，由企业来承担电力供需变化产生的价格差，这实际上是由企业为居民用电变相提供了补贴。这缺乏某种合理性，需要进一步加以解决。

表 5　2021 年有关国家居民电力消费占总消费支出比例

指标	中国	美国	德国	英国
年用电量	831.3 千瓦时	10632 千瓦时	6030 千瓦时	4500 千瓦时
平均电费	0.58 元人民币	0.1371 美元	0.3 欧元	0.25 美元
人均电力消费	482.15 元人民币	1464 美元	1809 欧元	1125 美元
人均消费支出	24100 元人民币	66928 美元	30906 欧元	28112 美元
比例	2%	2.2%	5.9%	4%

电力系统价格是个价格向量，是一个非常复杂的价格结构，涉及多种不同主体。如果需要每个主体都能够有积极性，同时有经济核算的基础，需要怎么做？一般人认为可以靠市场，依靠市场供求关系就能解决，但实际上这个系统会比一般由商品供求关系决定价格更加复杂。首先，需求方基本上是拿未来需要的电量在市场上进行交易；其次，需求是分时间段的，如企业需要何时开工、何时停工及何时检修。因此，不是一个总电量的交易就能够解决，还要保证时间段。在供应方面更是如此，在某些时间段可能出现电力紧张。

（三）发挥电网的关键作用

电不像其他商品那样通过直接交易就能获得，而需要通过输电网和配电网两层电网体系进行调度才能提供。这个调度体系具有复杂性，可能既不是电量的供给方，也不是电量的需求方。用什么样的机制能保证调度的实现，也是一个复杂的问题。因此，它与常规的通过交易市场供求关系直接平衡出一个价格的功能有所不同。金融系统对于各种复杂的交易有一定的经验和技术，但是在处理过程中有三种可能性：第一种主要通过市场的方式来实现；第二种通过内部计算得到可计算的均衡点决定部分价格；第三种依靠行政性调度来加以解决。

同时还需要注意经济学上的路径依赖问题。就中国电力系统来看，过去多年来形成的体系都是以省为单位进行电力平衡。省电网在缺电或者是富余电的时候进行跨省调动和市场交易上已作了很多试点。但是，仍有不少人主张淡化电网主体在中间所起的作用，让供电方和需求方更直接地交易。这里所说的交易不仅涉及电力供给方和需求方，还涉及储能以及电网的调度。需要考虑如何设计来使电力系统更加安全稳定地运行，可以考虑借鉴金融的经验和金融工程技术来辅助解决这样的问题。

总的来说，不能说因为可再生能源目前装机成本和运行成本降低，就能使问题得到自动解决，实际上还存在很多现实困难。不能认为电力系统的问题已经大体得到解决，然后把注意力更多地转移到更小的系统和更小的排放量方面。为有效减排，把握住重点至为关键。

专栏 2

电网的运行能力与定价能力是个关键

想要减碳，就要最大限度地发展并用好可再生发电能力，但现在的电网往往不能容纳间歇式太阳能、风能发电，因此需要对电网进行改造与智能化从而吸纳电力。同时，由于可用太阳能、风电很可能分布在偏远地区，因此需要扩建长距离电网并进行调度。而且，输变电过程中的线损不可忽视，需要输电技术的关键突破。建设和利用好产能与调峰设施，要求现代电网显著提高调度能力。此外，优化电力消纳需要给消费端明确的激励。在市场机制中将激励信号分解并传导给多种独立实体，都必须依靠价格及其优化。

一、电网系统是将碳价格向下分解传导最重要的“二传手”

向碳中和转型涉及千家万户，需要通过激励机制把许多行业和消费环节调动起来，为此要将二氧化碳及其他主要温室气体价格分解、传导、落实到多个具体经济环节，并争取做到最优化。因此，要充分重视电力体制，特别是着力研究电网的作用。在碳排放中，目前电力供给方差不多占了一半，电力行业是碳减排中非常重要的部门。同时，未来要多减排还要更多地转向电气化，使用绿色电力，用电的占比会进一步扩大，而且会非常显著。因此，需要认真研究电网的角色和作用，这涉及发电、电网调度、输电、配售以及储能等，这些都是电力体制改革的关键环节。另外，从价格信号的角度看，电网未来将是碳价格最核心的价格传导者，是最主要的“二传手”，类似于货币政策从基础货币供给向多层次货币量及价格传导的机制。它能够分解为各种不同的价格分别提供给电源供给方、储存方、调峰方、用户方等。例如，美国加利福尼亚州的输配电企业根据上一年输配电情况在当地碳市场获得免费配额并将之全部出售给当地发电企业，在向用户售电时可将所产生的收益作为补贴返还给电力用户，从而减轻碳市场对电力消费者的经济负担，起到平抑电价的作用。

在发电端，光伏发电或者风力发电每千瓦的装机成本降低，并不一定意味着电力成本降低，因为要进入电网的调度过程，涉及调度能力、可行性、成本和优化，非常复杂。同时，光电和风电是间歇性发电，其年均发电小时相对比较低，因而电网给予的上网电价非常重要。同时，电网如何指挥蓄能电站等各种储能装备以及调峰装备变得更加重要。由于电力体制改革的总方向是各类企业独立核算，更多运用市场和竞争机制，因而电网要在整个系统中给出多种价格信号来指挥运营并引导投资。

二、电网本身的技术提高也很重要

过去传统技术的电网，输电的电压等级比较低，线损比较高，难以吸收光电、风电等上网，为此不可避免地出现弃风、弃光现象。现在基本上都在向超高压直流或者超高压交流的输电进行改造，电网的调度和优化能力显著提高，一些绿色电力上网和配送的技术与条件大幅改善。电网的自动化技术及智能调度能力也是非常重要的环节，它能尽可能地把可再生能源加以最大化运用，包括预测光照和风力的供给能力，以及指挥储能设备和在必要时启动调峰设备。这实际上是个最优化的过程，也能在很大程度转化为对电网各个环节的定价。同时，要尽量减少电网在整个调度过程中的损失，主要是减少线损（见图5）。电网技术的发展本身也涉及对投资新装备需求的计算和价格信号对投资的引导。

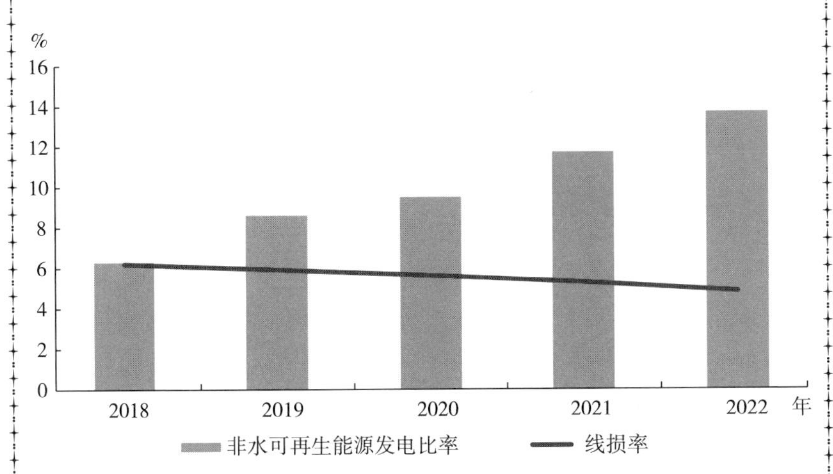

图5　2018—2022年非水可再生能源发电比率和平均线路损失

（数据来源：中国电力企业联合会）

在用户端，要通过分时电价等做法，鼓励和引导用户多在可再生能源可用时用电；在可再生能源供量少且必须依靠调峰机组（它不得不少量使用化石能源发电）时，要尽量引导最终用户少用电。

总之，除了在物理功能上电网要起到重要的优化作用以外，还要注意它是最主要价格机制的“二传手”，也就是通过电网的现代化管理，我们可以更好地实现定价和调度，实现供给和需求之间的匹配。另外，近年来加大市场化力度、企业独立运作成为中国电力系统体制改革的重要特征，在改革的过程中如何最大限度吸纳、鼓励、调度非化石电源实现碳中和转型，是一个需要关注的问题。

问题四　碳市场及其应起的作用

一、关于碳市场的功能

应对气候变化特别是推动二氧化碳减排，涉及巨量研发和大规模的设备更新换代，需要巨额投资。在此过程中，碳市场在形成碳价并以此引导各类投融资方面可以发挥重要作用。金融业能够作出自己的独特贡献，有责任帮助建设好碳市场。

《巴黎协定》提出 21 世纪将全球平均气温升幅控制在 2℃以内、力争控制在 1.5℃以内的目标。这需要对二氧化碳等温室气体的总体排放进行数量限制，实际上是一种配额的做法，即确定温室气体排放的总量配额，同时明确实现配额的路线图、时间表，研究配额在不同国家、地区、城市及行业、企业尤其是排放比较高的行业和企业之间如何配置。在配置方法上，可以考虑采取市场配置或者行政配置办法，也可以在某种程度上将二者相结合。

碳市场是通过市场方式进行配额配置的一种重要途径，包括买卖碳排放额度、信用额度以及基于此类信用额度的金融工具。一方面，碳市场会寻找和决定碳排放的价格，并在奖惩两方面发挥作用：对排放者发挥惩罚性作用，对减排者进行鼓励，特别是对未来可能有重要意义的碳汇（Carbon Sink）、碳捕集、碳利用和碳封存（CCUS）以及直接大气碳捕集（DAC）等减碳技术产生激励作用。另一方面，由于很多减排投资需要花费很长时间才能见效，其间还面临各种不确定性，碳市场和碳价格激励机制可以有助于引导大量的跨期投资，并在此过程中做好风险管理。

二、发展碳市场的几大重点问题

根据世界银行统计，截至2024年4月，全球建立了包括碳市场或碳税在内的75个碳定价安排。这些安排覆盖了130亿吨的二氧化碳排放，占全球温室气体排放的24%。全球平均碳价约为每吨二氧化碳当量23美元。截至2024年初，碳市场的建设取得了一些进展，但也确实还存在很多问题。总的来看，在碳市场建设方面以下几大问题需要得到重视。

一是免费配额的使用。一些人认为，当前碳市场相当一部分问题是由于市场建设初期比较多地使用了免费配额。免费配额的出现，使碳价格容易出现差异，特别是在不同的市场，碳价格差异可能非常大。免费配额可能是一种过渡性措施，原则上说，应该按照一定的路线图和时间表逐渐淡出。欧盟的碳排放权（EU ETS）市场从2005年建立开始，逐步确定了减少免费配额的时间表。一级市场中碳配额分配方式从2005—2007年第一阶段的免费分配，变为2008—2012年对10%的配额进行拍卖，再过渡到对50%以上进行拍卖，并计划于2027年实现全部配额的有偿分配，并同时开征碳关税，要求区域外的企业向欧盟出口货物时也需要支付同样价格的碳配额。在国际金融危机的冲击下，EU ETS市场的碳配额价格一度接近0欧元；到2018年欧盟同意减少超额供应后，价格开始回升。2021年，在欧盟披露2030年（较1990年）减少55%排放目标的政策刺激下，欧洲碳配额价格一年涨了150%（见表6）。

表6 若干国家或区域性碳排放权交易市场价格（数据更新至2023年3月31日）

碳排放权交易市场	Name of the Initiative	碳配额价格（美元）
欧盟碳排放交易体系	EU ETS	96
瑞士碳排放交易体系	Switzerland ETS	94
英国碳排放交易体系	UK ETS	88
阿尔伯塔技术创新和减排法规	Alberta TIER	48
加拿大基于产出的定价系统	Canada Federal OBPS	48
新不伦瑞克碳排放交易系统	New Brunswick ETS	48

续表

碳排放权交易市场	Name of the Initiative	碳配额价格（美元）
纽芬兰和拉布拉多绩效标准体系	New Foundland and Labrador PSS	48
安大略排放绩效标准计划	Ontario EPS	48
萨斯喀彻温基于产出的定价系统	Saskatchewan OBPS	48
日本东京碳市场	Tokyo CaT	42
奥地利碳排放交易体系	Austria ETS	35
新西兰碳排放交易系统	New Zealand ETS	34
德国碳排放交易系统	Germany ETS	33
加州碳市场	California CaT	30
魁北克碳市场	Québec CaT	30
华盛顿气候承诺法案	Washington CCA	22
新斯科舍碳市场	Nova Scotia CaT	21
不列颠哥伦比亚温室气体工业报告和控制法	BC GGIRCA	18
美国东部区域温室气体倡议	RGGI	15
北京试点区域碳市场	Beijing Pilot ETS	13
广东试点区域碳市场	Guangdong Pilot ETS	12
马萨诸塞州碳排放交易体系	Massachusetts ETS	12
韩国碳排放交易体系	Korea ETS	11
澳大利亚碳排放保障机制	Australia Safeguard Mechanism	11
深圳试点区域碳市场	Shenzhen Pilot ETS	9
上海试点区域碳市场	Shanghai Pilot ETS	9
中国全国碳市场	China National ETS	8
湖北试点区域碳市场	Hubei Pilot ETS	7
重庆试点区域碳市场	Chongqing Pilot ETS	5
福建试点区域碳市场	Fujian Pilot ETS	5
天津试点区域碳市场	Tianjin Pilot ETS	5
哈萨克斯坦碳市场	Kazakhstan ETS	1
日本琦玉区域碳市场	Saitama ETS	1
墨西哥试点碳市场	Mexico Pilot ETS	0
俄勒冈碳排放交易体系	Oregon ETS	0

数据来源：世界银行。

除了强制性碳排放配额市场外，还有另外一种自愿交易碳抵消机制形成的市场，初始买家是自愿想要抵消其碳排放的企业。国际上通常称为自愿碳抵消市场，交易的产品称为碳信用（Carbon Credit），对削减、避免或消除有害温室气体项目的投资产生激励作用。据 Econsystem Marketplace 测算，2021 年全球主要自愿碳市场的交易刚超过 10 亿美元，交易量仅超过 30 亿吨二氧化碳，平均价格不到 4 美元/吨。2021 年签发的碳信用比 2020 年增加了 40%。扩大自愿碳市场特别工作组（Task Force on Scaling Voluntary Carbon Markets，TSVCM）则认为，随着企业气候目标成倍增加，到 2030 年，未来对碳信用的需求预计将跃升至原来的 15 倍。UN 相关机构的报告[①]指出，超过三分之二的国家计划利用碳市场来实现国家自主贡献，一些国家正在投资建设最先进的数字基础设施，以便能够参与国际碳市场。据估计，碳信用交易可以将实施国家自主贡献的成本降低一半以上（见表 7）。

表 7　2021 年 1—11 月自愿碳市场数据更新

报告期	总交易量（百万吨二氧化碳当量）	总交易额（美元）	平均成交价（美元）
截至 2021 年 8 月 31 日	239.3	7.48 亿	3.13
自 2021 年 8 月 31 日至 11 月 9 日	59.1	2.582 亿	4.73
合计	298.4	10.062 亿	3.37

资料来源：森林趋势生态系统市场倡议（Forest Trends' Eco System Market Place Initiative）（www. ecosystemmarketplace. com）。

二是碳排放权配额市场与自愿碳信用市场的关系。配额市场属于强制性碳市场，也叫合规碳市场，是由政府机构强制限制特定行业排放量形成的碳配额市场，有助于激励先行减排的企业从出售碳配额中获益。据世界银行统计，截至 2024 年 4 月，碳排放权配额市场已达 36

① 联合国全球契约组织、联合国贸易和发展会议（United Nations Conference on Trade and Development，UNCTAD）、联合国环境署金融倡议组织（United Nations Environment Program Finance Initiative，UNEPFI）及责任投资原则（Principles for Responsible Investment，PRI）共同发起的可持续证券交易所倡议（Sustainable Stock Exchange，SSE）于 2022 年发布报告《自愿碳市场：关于交易所的指引（2022）》（*Voluntary Carbon Markets：An introduction for Exchanges*，2022）。

个。2023年全球最大碳配额市场EU ETS的交易额达到7700亿欧元，占全球总量的87%。中国全国性ETS的交易额约合20.5亿美元。

全球主要的私人碳信用标准注册机构以及比较活跃或正在筹建的自愿碳市场参见表8、表9和表10。自愿碳市场与强制碳市场之间的相互作用非常重要。EU ETS曾经接受《京都议定书》下清洁发展机制所产生的国际碳信用用来履约，但随着市场发展进入第四阶段（2021—2030年），不再接受国际碳信用履约，从而切断了碳排放权市场与自愿碳信用市场之间的联结。中国的全国性碳排放权市场允许使用碳减排信用——国家核证自愿减排量（CCER）来抵消最多5%的碳排放配额度，从而使中国的碳排放权市场的价格与碳信用的价格接近。

表8　各地碳市场运行状态

自愿碳市场名称	Name of Voluntary Carbon Market	运行状态
新加坡零碳交易所	Singapore Zero Carbon EX	投入运行
布尔萨碳信用交易所	Bursa Carbon Exchange	投入运行
瑞士碳补偿计划	Switzerland's Offset Program（CH OP）	投入运行
日本联合信用机制	Japanese Joint Crediting Mechanism	投入运行
泰国自愿碳减排项目：T-VER	Thailand Voluntary Emission Reduction Program：T-VER	投入运行
香港核心气候	Hong Kong Core Climate	投入运行
日本自愿碳减排交易计划	Japan Voluntary Emissions Trading Scheme	投入运行
非洲碳市场倡议	African Carbon Markets Initiative	投入运行

表9　四个私人碳标准注册机构

减排标准	Emission Reduction Standard	市场份额	签发信用名称	Name of Offset Credit	备案覆盖地区	备案覆盖领域
核证碳标准	Verified Carbon Standard（Verra）	约70.4%	核准碳单位	Verified Carbon Units（VCUs）	全球（主要覆盖发展中国家）	所有项目类别

续表

减排标准	Emission Reduction Standard	市场份额	签发信用名称	Name of Offset Credit	备案覆盖地区	备案覆盖领域
黄金标准	Gold Standard (GS)	约 17.3%	核准减排量	Verified Emission Reductions (VERs)	全球（买方主要来自欧盟）	除 REDD+之外的大部分项目类别
气候行动储备	Climate Action Reserve (CAR)	约 6.93%	气候储备单位	Climate Reserve Tonnes (CRT)	美国及位于墨西哥的试点项目	农业、林业、能源、废弃物处理、非二氧化碳温室气体排放
美国碳登记	American Carbon Registry (ACR)	约 5.95%	减排单位	Emission Reduction Tons (ERTs)	美国	工业生产、土地利用、林业碳捕集、废弃物处理

资料来源：Climate Focus：《自愿碳市场指南》（*The Voluntary Carbon Market Explained*）第 7 章，2022。

表 10　自愿碳市场运行状态

自愿碳市场名称	Name of Voluntary Carbon Market	运行状态
中国国家核证自愿减排量	China CER（CCER）	投入运行
魁北克碳补偿计划	Québec's Offset Program（Québec）	投入运行
阿尔伯塔碳补偿系统	Alberta Carbon Offset System	投入运行
萨斯喀彻温碳补偿系统	Saskatchewan Carbon Offset System	投入运行
智利碳市场	Chilean Carbon Market	投入运行
哥伦比亚自愿碳市场平台	Colombian Voluntary Carbon Market PlatForm	投入运行
沙特区域自愿碳市场	Saudi Arabia Regional Voluntary Carbon Market	规划建设中
国际碳交易所私人公司	International Carbon Exchange Private Ltd，ICX	投入运行

三是要了解碳价格动态变化的特性。在初始阶段，人们往往会从最容易的减排和化石能源替代着手，因而早期减排成本相对较低；但是，随着进入攻坚阶段，碳排放处理难度越来越大，会需要花费更大

代价才能啃掉“硬骨头”，减少二氧化碳的边际价格会随之升高。当然，这当中也存在很大的不确定性，那就是未来科技发展可能带来的影响。如果随着资金的大量投入，未来出现一些超预期的更为理想的先进技术，可能超常规地大幅提升减排能力，并发展对化石能源的替代以及实现碳抵消，那么碳价格在未来也可能出现下降的趋势。因此，未来技术的发展以及减少二氧化碳的边际价格在很大程度上决定着中长期碳价格的走势。这种情况其实已经出现。自 2020 年起，Gold Standard 和 Verra 两大碳信用标准发布机构不再对最不发达国家以外的可再生能源新项目进行注册，其理由是大规模的可再生电力项目已具备盈利能力，不再需要碳市场的支持。

四是碳价格趋同的问题。控制二氧化碳排放有别于其他的环境保护问题，前者更加全球化，是地球村共同面临的问题。尽管目前世界是按照国家划分和管理，但是二氧化碳等温室气体排放到大气层后，实际上已超越国界，对全球产生影响。既然碳排放是全球性的，那么其边际效应，即每多排放一吨二氧化碳对温度上升的影响应该是同样的，而不论排放是来自发达国家、发展中国家还是新兴市场。因此，从价格机制来讲，碳价格应该是同一个价格，或者说，当前可能不是同一价格，但越往后越接近碳中和目标时，就会越接近同一个价格。从激励角度讲，价格趋同表示对任何减排和排放的奖惩机制应该相同。从鼓励投资来讲，无论是在发达国家还是发展中国家，要想实现碳减排或者增加碳移除的能力，其投资效益最终也应趋同。因此，碳配额市场（也就是碳排放权市场）和自愿碳市场应该存在有机联系，相互之间应该可以连通；不同区域、不同国家之间形成的碳市场，最终也应该是连通的，形成的碳价格应趋于一致和均衡。与此相对应的是，碳价格未来趋同的走向与当前一些国家或多或少在运用免费配额也有一定关系。尽管免费配额可能现在不可避免，但未来都应该按照一定的路线图和时间表逐渐淡出。这种碳价格的形成机制就有点像中国过去的“双轨制”，无论是只将增量纳入市场还是逐渐地将总量纳入市场，尽管形成的价格可能不一致，但总是可以找到均衡关系。

当然，碳价格要想实现这种特性，其中一个关键的问题就是不能弄虚作假，必须保持诚信，需要有公正的度量，还需要有监管机构和审计监督等。如果能够达到这些必要的前提条件，那么二氧化碳未来的价格应该趋向其均衡价格。此外，除二氧化碳以外，其他温室气体的排放价格与二氧化碳排放价格之间也应该有一个可折算的关系。

在这里，还有一个碳底价的问题。当前的一个事实是，碳市场在价格形成和价格引导方面发挥的作用很不充分（见图6）。截至2022年4月，全球只有不到10%的排放承受高于10美元/t CO_2-eq的碳价。2022年俄乌冲突爆发后，由于天然气价格飙升使多国被迫转向更低成本的燃煤发电，欧盟燃煤发电上升了6%，碳价快速攀升至100欧元/t CO_2-eq。碳价格开始发挥作用，激励欧盟成员国在克服短期困难后加速向可再生能源转型。

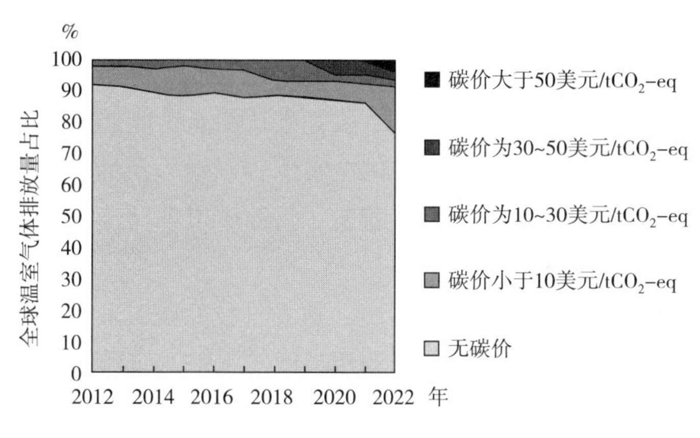

图6　2012—2022年碳定价覆盖的全球温室气体排放量

（资料来源：国际能源署）

为实现到2030年前的减碳目标，从国际协调的角度出发，IMF提出，制定国际碳底价（International Carbon Price Floor）是最快和最切实际的政策。该机构进一步提出，到2030年，发达经济体的碳价格要达到75美元/吨以上，中等收入发展中经济体达到50美元/吨以上，低收入发展中经济体达到25美元/吨以上。总之，IMF认为碳价格应该逐渐趋同，并发挥足够的激励功能。

需要指出的是，IMF认为，广义的碳定价包括碳税、碳交易、监管措施（如直接减排拉闸限电带来的影子价格）以及补贴（即改变相对价格，见专栏 3）。不同的碳定价中，显性价格要好于隐性影子价格，因为信号最强烈，资源配置最有效。

根据世界银行统计，截至 2024 年 4 月，全球共有 75 种直接和显性的碳定价工具在运行，共包括 39 种碳税和 36 种碳排放交易体系，碳税多于碳交易机制。2023 年全球碳定价收入比 2022 年增长了近 4%，达到 1040 亿美元，共覆盖了全球约 24%的温室气体排放。其中，全球碳市场配额的拍卖收入在碳定价总收入中的占比超过了 70%。碳定价收入的增加可以支持可持续的经济复苏，为更广泛的财政改革提供资金，帮助各国缓冲经济和国际动荡。

既然需要通过发展碳市场来应对减排目标并处理好与多项政策的相互关系，那么究竟如何评价和考核碳市场的业绩呢？碳市场的关键业绩指标（KPI）是什么？显然，可以从多个方面来考核碳市场的业绩，但有两个方面特别需要强调：一是市场上的碳价格能否真正做到奖惩有效，成为有效的激励机制；二是碳价格是否能够切实引导大量资金投向碳减排领域。目前，中国在实现“双碳”目标方面的资金缺口相当大，所以未来这方面任务很重，需要碳市场在这方面发挥重要作用。

此外，已有不少研究机构指出，随着科技发展，未来化石能源使用和二氧化碳排放占比或许能降到相当低的水平，如降至 10%（现在持此种看法的较为主流，但也有人认为至多能降至 15%~20%），但要想完全降到零是有困难的。在此情况下，就更需要通过支持研发来寻找和处理最后剩余的碳排放，并通过碳汇（Carbon Sink）、碳捕集、碳利用和碳封存（CCUS）以及直接大气碳捕集（DAC）等碳移除（CDR）办法来实现碳抵消。当然，这需要巨大的投入，需要靠更强的激励机制，引导更多的投资进行研发和设备更新才能实现，金融界在此过程能够发挥很大的作用。

三、中国碳市场的发展

中国在一些局部领域进行碳市场探索已经有很多年了，但全国统一的碳市场建设才刚刚起步。全国碳市场覆盖了全球 9%的温室气体排放。截至 2023 年，全国统一的碳排放权市场仅纳入了电力行业，经历了两个履约周期。目前，尚未允许机构投资者进入。2022 年全年碳排放配额（CEA）总成交量 50889493 吨，总成交额 28. 14 亿元（折合 4. 183 亿美元），最高成交价 61. 60 元/吨（折合 9. 158 美元/吨），最低成交价 50. 54 元/吨（折合 7. 51 美元/吨）。2023 年 CEA 年度比上年上涨了近 3 倍，成交量达 2. 12 亿吨，成交额 144. 44 亿元（折合 20. 498 亿美元），年成交均价为 68. 15 元/吨（折合 9. 67 美元/吨），较上年上涨 23. 24%，最高价突破了 82 元/吨（折合 11. 5 美元/吨）。

碳市场价格与碳市场政策、宏观经济、能源价格等密切相关。中国全国碳市场处于运行初期，碳价主要取决于配额松紧程度。从全国碳市场首个履约周期（2019—2020 年度）来看，该履约期基于碳排放强度的行业基准法来核算配额，并全部免费分配，山东、内蒙古、江苏获得的配额量最大。配额分配方法实现了对高效率低排放机组的正向激励作用，也确定了“配额履约缺口上限 20%”时进行调节的机制，但几乎没有企业达到触发条件，有企业反映 600MW 机组整体配额不足。重点企业还允许用 CCER 来抵消不超过 5%的需清缴款额度。2023 年 7 月，生态环境部发布了《关于全国碳排放权交易市场 2021、2022 年度碳排放配额清缴相关工作的通知》，要求控排企业在 2023 年 12 月 31 日前完成 2021 年度、2022 年度的配额清缴。2023 年 7 月以来，全国碳市场交易日趋活跃，8 月收盘价首次突破每吨 70 元，10 月突破 82 元，刷新了自全国碳市场上线交易以来的历史新高。

如果要评价中国碳市场的建设成效，应当考虑将它在碳价格形成方面的作用作为一个核心业绩指标。同时，也要考虑它究竟能够动员多少资金来进行碳减排和应对气候变化，包括在发展碳减排、碳捕集和碳封存等新技术方面的投资。正如前文所述，碳价格的形成与配额总量的设定以及减少免费配额发放高度相关。

国内的能源安全问题涉及如何动员大量投资，也涉及如何推动化石能源逐渐转型等，这应该是一个深思熟虑的、有计划的渐变过程，同时也是一个坚定不移的、方向明确的进程。在这个动态过程中，当前的碳价格与 5 年、10 年以后的碳价格肯定会不一样，当前的机制也会发生演进和调整。因此，应在考虑碳市场动态特性的基础上，研究未来如何建设好、运用好碳市场，为实现中国“双碳”目标以及全球的气候变化控制目标而作出应有的贡献。当然，这方面还有大量工作需要研究人员、金融从业者，以及多方面实践者投入更大的力量进行研究、讨论、论证和实践，从而找出更加有效的路径。

专栏3

实现净零的价格型补贴工具

绿色低碳补贴属于价格激励措施，可改变零碳新能源与传统化石能源之间的相对价格，进而影响企业、居民等能源消费者的决策。在迈向净零的过程中，许多国家的政府倾向于推出绿色低碳补贴政策来为企业和居民提供正向激励，因为这些政策会比征税等负向激励政策更容易被社会接受。不过，美国2022年10月通过的《通胀削减法案》中的电动车补贴等政策已招致欧盟和发展中国家的不满，欧盟担心美国的绿色补贴计划会将欧洲的产业迁出，发展中国家认为此举涉嫌违反世界贸易组织（WTO）最惠国待遇、国民待遇的非歧视等原则。

实现净零的价格型补贴工具包括成本补偿、税收抵免以及财政贴息等类型。从多国经验看，有效的补贴应专注于早期研发，随着技术成绩逐步取消，而且要避免损害WTO原则。

一、成本补偿

自2004年起，德国、西班牙、意大利等欧洲国家推出了光伏发电补贴政策，驱动光伏装机快速增长，欧洲占据了全球新增装机容量的80%。2013年8月，中国国家发展改革委、能源局发布《发挥价格杠杆作用促进光伏产业健康发展的通知》，制定了0.90元/度、0.95元/度、1.00元/度的新标杆电价，明确分布式光伏补贴为0.42元/度。从此，中国光伏装机体量进入成长快车道。2015—2018年，中国政府开始持续小幅实现补贴退坡，促进全产业链降本提质。2021 年，中国光伏行业进入平价上网新时代（中国可再生能源早期部署阶段的上网电价水平及等同碳价格水平预测见下表）。

中国可再生能源早期部署阶段的上网电价水平及等同碳价格水平预测

技术类型	政策年份	当年火电标杆电价水平	上网电价水平	等同碳价格水平
陆上风电	2006	0.334 元/kWh	标杆电价+0.25 元/kWh	256.67 元/tCO_2（约 38 美元/tCO_2）
太阳能光伏	2011	0.366 元/kWh	1.15 元/kWh	804.93 元/tCO_2（约 119 美元/tCO_2）
海上风电	2014	0.325 元/kWh	0.85 元/kWh	539.01 元/tCO_2（约 796 美元/tCO_2）

2020 年 7 月，德国联邦议院通过《减少和终止煤炭发电法》，规定德国将不再建设新的燃煤发电厂和露天煤矿，在 2038 年前关闭所有现存燃煤发电厂；2027 年前，德国将组织多轮硬煤发电厂退役的补偿招标竞价，且最高投标价格逐年下降，以鼓励更多燃煤电厂更早退役。截至 2021 年 8 月，德国已经完成三轮退役招标。2021 年 2 月，德国政府还与几大褐煤发电厂签署协议，未来 15 年将为其提供 43.5 亿欧元补偿金，用于发电厂对露天煤矿的修复。

二、税收抵免

自 2015 年 7 月 1 日起，中国对纳税人销售自产的利用风力生产的电力产品，实行增值税即征即退 50%的政策。

2021 年 1 月 15 日，美国财政部和国税局发布碳捕集与封存（CCS）税收优惠政策，即 45Q 条款最终法规。根据 CCS 税收优惠政策，按照捕获与封存的碳氧化物数量计算一个抵免额，允许纳税人从企业所得税应纳税额中进行抵免。新政大幅提高了最高税收抵免额（如果碳氧化物永久封存，根据通货膨胀率逐年调整后2026年提高抵免额提高至每公吨碳氧化物50美元），明确私人资本有机会获得抵免资格，显著提高了美国高排放企业节能减排的积极性。

美国2022年通过的《通胀削减法案》规定，将提供300亿美元用于生产税收抵免，以促进美国太阳能电池板、风力涡轮机的生产以及关键矿物加工等；同时提供100亿美元的税收抵免，用于建设清洁技术制造设施，如制造电动汽车和太阳能电池板的设施。

三、财政贴息

中国浙江省湖州市每年拿出10亿元财政资金推动绿色金融改革，根据融资主体的绿色等级分别给予12%、9%、6%的贷款贴息；衢州市根据绿色等级分别给予企业15%、10%、6%的贷款贴息。四川省对符合生态环保领域支持范围且贷款期限超过1年的银行机构和主权外债融资贷款项目，省级财政按照贴息率不超过3%、单个项目每年贴息金额不超过300万元给予贴息。

问题五　不同碳市场间的相互作用与如何避免“漂绿”

“漂绿”（Greenwash）是美国环保主义者杰伊·威斯特维尔德创造的概念，指的是企业伪装成“环境之友”，试图掩盖对社会和环境的破坏，以此保全和扩大自己的市场或影响力。环保主义者认为，一些化石能源企业并没有真正着眼于减排，而是通过购买碳信用（Carbon Credits）来抵免自身的碳排放，进而实现“漂绿”这些企业的效果。不可否认，全球不同地区绿色概念和规则差异给“漂绿”带来了空间。更重要的是，全球碳定价非常不一致，给部分国际大企业利用碳价格差异进行“洗绿”或“漂绿”带来机会。世界银行2023年《碳价格现状和趋势》报告反映，从2021年开始，各类技术路线的碳信用价格开始显著下降。以自然为基础的碳信用价格降幅最大，从每吨二氧化碳16美元降至不到5美元。如果碳信用价格在未来几十年内仍保持在低位，那么企业通过碳信用来替代本应进行的脱碳工作，就有可能面临“漂绿”的指控。因此，避免“漂绿”，从根本上要依靠对实体企业的减排进行测度，同时需要重视不同碳市场间的相互作用。

一、不同碳市场之间的相互作用

近年来，国际上碳信用市场日渐活跃。目前，全球在逐步增加碳排放权交易市场的同时，各国和跨国的自愿碳信用市场也在蓬勃发展。国际碳市场中的配额交易与自愿减排碳信用交易相辅相成。理论上说，从全球看，不管是发生在什么地方，每一吨碳排放的边际影响应该是相同的，每一吨边际碳减排、碳移除的边际效益也应该一样。由此看，各碳市场之间应该会相互作用。对自愿减排交易市场上碳信用的刚性需求主要来自配额市场上允许使用碳信用进行抵消的机制。

由于各国推动碳减排工作的起步时间不一样，各国、各区域间的碳市场价格差距会比较大。如前文所述，在碳减排起始期，推进一些容易做的工作就能实现减排，从而使减排的成本和代价较低，碳价格就会比较低。特别是在一些发展水平比较低的国家和地区，这种现象肯定存在。此时，一些国际性的排放大户通过购买碳信用来抵消自身过多的温室气体排放，就常会被质疑为“洗绿”或“漂绿”行为。然而，碳价格未来将会趋于一致、趋于均衡，因此，即便存在一些大公司通过购买碳信用等措施，用较低的价格回避应尽的减排责任，这种做法应该不会长久。这是因为，边际上特别容易减排的环节和项目，很快就会被市场实施，之后成本就会上升，“漂绿”的机会由此减少。如果管理得好，这种碳价格趋同现象会出现得比较快，因此也就不可能长期存在持续利用碳价格差进行“洗绿”或“漂绿”的行为。

二、碳市场连通

随着碳交易机制建设推进，不同国家甚至同一国家不同地区都会建立碳市场。那么，碳市场之间的关系如何？会如何相互作用？

（一）《京都议定书》

1997 年联合国《京都议定书》以法规形式限制温室气体排放并尝试建立包括清洁发展机制（CDM）在内的碳减排量国际交易安排，为全球碳市场协同作了积极和有意义的探索。CDM 规定在发达国家强制碳市场覆盖的履约企业可以购买发展中国家的核证碳减排量，来满足自身在国内碳市场上的履约责任，这是连接不同碳市场的第一步。CDM 推出后，欧盟碳市场 EU ETS 一度成为国际碳信用最大的需求方，但发达经济体的碳市场对 CDM 的接受程度逐渐收紧。

作为全球最成熟的碳市场，EU ETS 在很大程度上驱动了国际碳市场发展，接受市场参与者用 CDM 和联合履约机制（JI）履行部分减排义务，从而成为发展中国家和转型经济体清洁能源资金的重要提供平台。EU ETS 的参与者在 2008—2012 年市场第二阶段使用了 10.58 亿吨国际碳信用来抵消其排放量。但从第三阶段开始，来自 CDM 的核证减排量（CER）和来自 JI 的减排量不能直接作为合规单位在 EU ETS 市场使用，而需被先转换为 EU ETS 排放配额。自 2021 年后的第四阶段起，EU ETS 不再继续使用国际碳信用。

韩国碳交易市场（K-ETS）在市场履约的第一阶段（2015—2017 年），允许使用 2010 年 4 月中旬后韩国本土 CDM 项目产生的 CER 和本土认证项目 KOC 形成的碳信用来抵消 10%的履约义务；第二阶段（2018—2020 年）允许使用 2016 年 6 月起由本土公司开发的国际 CDM 项目产生的 CER，每个履约实体最多可以抵消 10%的履约义务（其中 5%可以是国际抵消信用）。第三阶段（2021—2025 年）要求与第二阶段相同，只是将 10%的履约限额下降至 5%，且没有额外限制国际抵消信用额度。

新西兰碳交易市场（NZ ETS）在 2015 年 6 月之前允许来自《京都议定书》灵活机制的碳信用额度不受限制地在市场上使用，但自 2015 年 6 月起，国际碳信用无法使用。瑞士碳市场（Swiss ETS）在 2020 年前的第一阶段，允许使用国际碳抵消信用，但受一些定性和定量限制。不过自 2021 年起，国际碳信用不能再用于瑞士碳市场的履约义务。

（二）《巴黎协定》第 6 条

2015 年 12 月，具有里程碑意义的《巴黎协定》由各缔约方签署。其第 6 条被视为实现《联合国气候变化框架公约》（UNFCCC）目标和不断发展的国际气候制度的重大进步，第 6 条第 2 款和第 4 款继承并发展了《京都议定书》的国际碳交易机制，为碳交易的全球协同提供了新的制度框架。2021 年 11 月的 COP26 和 2022 年 11 月的 COP27 确定了《巴黎协定》第 6 条款的实施细则，力争于 2030 年前完成机制搭建。新的国际碳交易机制和规则还涉及避免碳减排的双重核算，如何从 CDM 向可持续发展机制（SDM）过渡，以及对未来交易的碳信用额度进行分配等问题。

第6条第2款允许各国通过双边或多边协议相互交易减排量和清除量，这些可交易的碳减排信用被称为国际转移缓解成果（ITMO），帮助其他国家履行国家自主贡献（NDC）承诺。同时，《巴黎协定》第6条第4款提出可持续发展机制（SDM）。规定未来由SDM项目替代CDM项目成为国际碳减排额度的重要交易形式。《巴黎协定》第6条被许多发展中国家认为是获得发展融资的工具。许多市场参与者也在关注能否连接ITMOs与自愿碳市场，CDM如何向SDM过渡，以及如何开发SDM等问题。

落实《巴黎协定》第6条需要国与国之间建立碳减排信用交易的直接机制（如ITMOs交易）。一些国际组织和国家已开始推动建立IT-MOs的交易机制，帮助ITMOs出售国获得气候变化融资，购买国用来履行国家自主减排承诺。例如，联合国开发计划署（UNDP）和全球绿色增长研究所（GGGI）均建立了相关碳交易平台，支持成员ITMOs交易的操作。日本成立了联合信用机制（Joint Crediting Mechanism），作为ITMO的双边交易平台，由日本从发展中国家购买ITMO，然后在公开市场上进行交易。截至2024年2月，日本已经通过这一平台与29个国家进行了合作，包括蒙古国、越南、斯里兰卡等。瑞士气候保护和碳抵消基金会KliK则从发展中国家购买了近2000个ITMOs。其为助力曼谷私人巴士公司向电动汽车转型而向泰国Energy Absolute公司购买ITMO的交易，成为首个经双方政府认证可以用于履行国家自主贡献承诺的ITMO。

当前，联合国正在积极推进《巴黎协定》第6条第4款框架下的碳信用交易机制，促进原CDM项目向6.4条款机制（SDM机制）过渡。与更多国家的强制性碳市场建立协同和连接，允许企业以更灵活的方式用SDM在强制性碳市场履约，将有助于逐步建立起全球碳市场的连接机制，促进全球碳价的趋同。国际民用航空组织（ICAO）的国际航空碳抵消和减排计划（CORSIA）建设的第一个全球性行业减排市场机制在2021—2023年试运行阶段，允许接受9个自愿碳市场的碳信用，推动了全球碳交易体系的联通。总的来看，各国可以基于共识对不同的碳市场进行可控联通，允许投资者跨市场投资和交易，从而推动碳价趋同。中国在股票市场推行的沪港通、沪伦通、中德通等市场连通技术和做法可供借鉴。当然，鉴于一些国家和地区不希望境外或区外的企业获得价格过低的碳信用产品，也可以先在区域市场中交易低价碳信用，然后再考虑将富余量放到跨地区甚至跨国境市场中交易。

三、碳减排的国际协调

（一）主动协调

《巴黎协定》是全球实现碳减排在国家层面的主动协调机制，其第6条则为碳减排交易的国际主动协调建立了制度安排。UNFCCC与多边开发机构（世界银行、联合国开发计划署等）、多国政府以及市场机构一起，努力推动第6条交易机制的落地和逐步扩大影响。

（二）被动协调

欧盟已于2023年开始实施碳边境调节机制（CBAM），并与欧盟碳市场联动，即CBAM的实施与EU ETS削减免费配额同步，以确保欧盟外部企业承受的碳价与欧盟内部企业相同。也就是说，未来如果一国（主要是发展中国家）没有形成碳市场，或者该碳市场没有形成适当的碳价格，该国出口到欧盟的商品将要被征收碳边境调节税。这在一定程度上促进了一些国家建立碳市场，例如，泰国、印度尼西亚、印度、越南等国家已经或正在推动建立碳排放权市场和碳信用市场。

总之，碳市场的相互连通既涉及碳价格调节机制的国际协调问题，又涉及发达国家和发展中国家的相互关系问题，还涉及资金筹措和转移问题。

问题六　企业与消费者的行为模式是否会轻易改变?

在经济学理论中，政府、企业、消费者三部门在市场经济条件下可以实现行动一致化，即企业追求利润最大化，消费者追求消费效用最大化，政府追求国民收入或者说 GDP 最大化。具体可以用拉格朗日函数来证明如何求得最优化。在这里，并不要求企业去考虑政府的目标，也不要求消费者去考虑政府的目标。这是一个整体模式问题，当然也是一个高度简化的做法。事实上，实体类别很多，在政府和企业之外还有一些非营利性、非政府组织；在政府体系中，也需要对中央政府和地方政府或者市政府作出区分。

一、企业与消费者的行为模式能否改变?

环境、社会和公司治理（ESG）评价体系能否影响企业行为，使之为应对气候变化改变？也就是说，企业是否会因为人类生存受到威胁，就不再以利润最大化为目标，或者不以此作为唯一或者最主要的目标，而是向一种非利润最大化的行为方式转变？消费者的行为是不是也会发生改变？这些问题都可能影响制定应对气候变化的政策和努力的方向。2022 年，联合国秘书长宣布组建非主权实体净零排放承诺高级别专家组，为包括企业、投资者、城市和区域在内非主权实体（Non State Actors，NSA）如何兑现净零排放承诺提出建议。NSA 本身具有模糊性，各类实体的行为模式本不相同。而且，假设 NSA 作出承诺，是否会高度关注气候变化、改变行为方式，实际上是很复杂的问题。承诺与加入某零碳联盟往往并不会形成对企业的硬约束。许多实证已经并且会进一步表明，NSA 的行为方式并没有改变，目标函数也没有改变，也就是说企业追求利润最大化的本质没有改变。另外，如果很多 NSA 的行为模式真的大幅改变，那么整个社会的经济结构可能出现很多新挑战，过去的经济调控方式也可能不再适用。

2022 年，地缘政治冲突导致国际能源危机，使 COP27 面临巨大困难。会议在全球变暖原因的关键问题上，特别是在逐步淘汰化石燃料方面没有取得进展。这实际上是企业很难改变自身行为方式的一个实证。据 IEA 统计，尽管联合国气候峰会已决定要“逐步减少使用煤炭”，但 2022 年煤炭的使用仍增长了 1.2%，达到历史最高水平。此外，聚集了 160 多家金融机构、资产总额超过 70 万亿美元的格拉斯哥净零金融联盟（GFANZ）在成立一年后，因美国金融机构害怕监管风险，被迫于 2022 年放弃了不能给新煤炭项目融资的禁令。先锋领航（Vanguard）在 2022 年底退出 GFANZ 下的净零排放资产管理人倡议（Net Zero Asset Managers initiative，NZAM）。当然，企业和消费者的目标也是多元化的，也就是说企业不仅追求利润，也追求多重目标。

那么，多目标该如何实现？实际上，从企业和消费者角度看，多目标要具有可加性，就是最后能够汇总成一个可度量、可加总的目标。当然，可加的范围还是要以有一定的边界为前提。这种可加性从企业来讲可以通过价格加权来实现。如果要控制成本，那么成本以多种投入品的定价来加权，收入以销售产品的定价加权，最后利润也以定价加权后得出。对金融机构来说，金融机构要衡量投资风险，实现多目标，也要计算风险溢价，最后也变成了价格问题。价格风险可以用定价加权来描述。此外，企业要遵守规则，不能违规越界，越界要遭受罚款，如危害了环境就要接受罚款。实际上，罚款也是一种标价，也是一个价格加权问题。所以，企业要实现多目标，可以通过多目标的价格加权来实现可加性。同理，消费者也是如此。从严格的数学表达上来说，可加性就是在量纲（Dimension）一致时，最后可以靠数量乘以价格来进行衡量。在量纲不一致时，即不同的事物有完全不同的量纲时，最简单的办法可能是对不同量纲或维度分别进行衡量和打分，最后加总得出分数，巴塞尔银行监管委员会对全球系统重要性银行（G-SIBs）的评定就是采用的这一方法，通过打分加权来实现可加性，最后对多目标汇总后再进行衡量。

二、如何引导企业与住户参与碳减排

如果企业与消费者行为不会轻易改变，那么如何带动企业与住户加入应对气候变化和碳排放中？可能引导企业的一个有效办法，是以价格加权来对其碳排放或者碳移除、碳封存进行调节。也就是说，可以通过价格手段来对企业进行调节，从而帮助企业实现多目标，使其多目标具有可加性。当然，对企业还会有二进制式“可以做或不可以做”的约束，多数为法律形式约束，如不准贩卖武器、不准贩毒、不准损害环境。但是，就碳排放而言，不能采取“可以做或不可以做”的行为控制，而是应该减排多少、排放多了要受到多少惩罚的问题。实际上可以成为一个连续的变量，形成连续的和二进制变量的相互配合关系。二进制式的需要设立边界性约束；连续性变量，应该通过价格加权或者其他加权形成的可加总方式来体现多目标。当然，尽管企业可以转向多目标，但其主要目标仍旧清晰，就是多目标加总后的利润最大化。因此，要使企业在气候变化中承担责任，从调控上来讲最有效的当然是依靠市场机制，通过碳市场或者以碳市场为主形成碳价格，来引导企业参与碳减排。这是最有效的方式。

与此同时，为企业与住户设立碳账户也成为当前引导企业和住户参与碳减排的一个重点讨论建议。

为对各类市场主体的碳排放量、减排量及其结构和强度进行精准量化和动态评估，中国的一些地方省市围绕工业、农业、居民生活等碳达峰碳中和重点领域，探索开展了碳账户建设。一是工业碳账户建设聚焦高排放企业和碳减排潜力大的企业。如浙江衢州、山西长治等地以八大重点碳排放行业[①]企业或综合能源消费量达到一定标准的规模以上工业企业为重点，建设工业碳账户。重庆、新疆哈密以碳减排重点领域为突破口，探索建设企业碳减排账户。二是农业碳账户建设面向规模化生产经营主体。农业是除能源和工业外的全球第二大温室

① 石化、化工、建材、钢铁、有色、造纸、电力、航空八大行业。

气体排放源，主要排放甲烷、氧化亚氮、二氧化碳三种温室气体。农业碳排放主体类型广泛，各类主体生产经营活动和排放特征差异较大。黑龙江齐齐哈尔、浙江衢州面向合作社、家庭农场和规模化养殖场等农业生产经营主体，探索建设农业碳账户。三是个人碳账户建设主要依托商业银行和自愿减排服务平台。个人碳账户采集自然人主体绿色支付、绿色出行、绿色生活等低碳行为数据，涉及主体体量庞大、数据采集种类丰富。新疆克拉玛依、四川成都等地依托辖内商业银行或环境交易所开发建设个人碳账户（见表11）。

表11　部分碳账户简况

工业碳账户		农业碳账户	个人碳账户
浙江衢州：覆盖综合能源消费量在5000吨标准煤以上的规模以上工业企业及部分小微企业	重庆：从碳减排支持工具入手，以首批获得碳减排贷款的清洁能源企业为试点	浙江衢州：覆盖年出栏5000头以上的生猪养殖场、复种面积1000亩以上的粮食种植户和有机肥生产企业	新疆克拉玛依：指导昆仑银行建设个人碳账户，已覆盖20余万名客户，累计产生碳积分3000余万分，减少碳排放约600吨
山西长治：八大重点碳排放行业及煤炭开采、洗选等区域重点行业的规模以上工业企业	新疆哈密：以碳减排重点领域为突破，累计为54家清洁能源企业、90个项目建立碳减排账户，占辖区清洁能源企业总数的83%	黑龙江齐齐哈尔：覆盖规模化经营程度高，信息透明、规范、可得的合作社、家庭农场等	四川成都：四川联合环境交易所推出“点点”碳中和系统，累计为2.15万人建立个人碳账户

各地碳账户的运行管理主要包括以下三个关键环节。

一是编制碳排放核算方法。各地碳账户使用的碳排放核算方法整体较为相近，多使用各项活动水平数据乘以折算系数（单位活动或碳排放源产生的排放量），间接核算各类主体碳排放或减排水平。

二是多角度拓展数据采集渠道。工业、农业和个人碳账户所需数据类型差异较大，各地结合实际，多角度拓展数据采集渠道。例如，通过终端系统实时自动采集。浙江衢州工业碳账户以15分钟为频率，通过衢州市智慧能源综合服务平台，从企业安装的各类采集终端实时采集企业直接能耗数据。新疆昌吉工业碳账户依托新疆能耗数据在线监测平台采集企业能耗数据，每小时更新一次。又如，企业自主填报。宁夏吴忠在“融信通”平台嵌入企业碳账户核算表，推进企业线上自主填报。浙江衢州指导企业自主核算并上报企业生产工艺产生的碳排放量。再如，政府或金融监管部门分层采集。黑龙江齐齐哈尔通过各级乡镇政府，采集辖内农业主体生产经营信息。山西太原由市、县两级人民银行通过企业注册地或开户金融机构，采集碳排放核算基础数据（见表12）。

表12　碳排放核算基础数据

<table>
<tr><td colspan="2">工业碳账户</td><td colspan="2">农业碳账户</td><td colspan="2">个人碳账户</td></tr>
<tr><td colspan="2">企业能源消费数据</td><td colspan="2">种植主体碳排放源数据</td><td colspan="2">个人低碳行为数据</td></tr>
<tr><td rowspan="3">直接能源消费量</td><td rowspan="3">原煤、水、天然气、蒸汽</td><td rowspan="2">农用物资</td><td rowspan="2">农药、化肥、农膜使用量</td><td rowspan="2">绿色支付</td><td rowspan="2">移动支付、电子对账</td></tr>
<tr></tr>
<tr><td rowspan="2">土壤翻耕</td><td rowspan="2">翻耕、免耕面积</td><td rowspan="2">低碳出行</td><td rowspan="2">步行、骑行、公共交通</td></tr>
<tr><td rowspan="3">间接能源消费量</td><td rowspan="3">外购电力、热力</td></tr>
<tr><td rowspan="2">水稻种植</td><td rowspan="2">产值、种植面积、种植结构</td><td rowspan="2">市政类非金融绿色行为</td><td rowspan="2">用水、用电、垃圾分类</td></tr>
<tr></tr>
</table>

三是优化信息管理模式。各地围绕碳排放核算信息，积极开展校对核验、统计分析和交互共享等，提高信息质量和应用价值。在提高信息准确性方面，浙江衢州工业企业碳账户建立了数据校核机制，结合历史趋势对数据进行实时分析和判断，一旦发生异常篡改，可及时报警并阻断。在提升信息归集汇总和统计分析效率方面，人民银行齐齐哈尔市分行创新开发农业碳核算账户信息管理系统，设置标准化信息采集模板、建立碳排放主体名录，实现碳排放情况和碳排放强度等碳账户信息统计分析功能。在推动信息交互共享方面，人民银行衢州市分行将碳账户信息纳入“衢融通”平台投融资信息共享范畴，为金融机构识别绿色企业主体、创新绿色金融产品和服务提供便利。重庆市分行拟打通碳账户数据与“碳惠通”平台碳交易登记数据间的共享，为自愿践行低碳发展理念的企业提供便利。

目前，引导企业和住户参与碳减排，已成为碳账户金融应用的重要内容之一。

一是探索开展碳排放水平评价评级。各地根据碳账户统计核算结果，开展碳排放水平评价评级并贴标。评价评级标准决定了等级划分的公正性、均衡性和可参考性，现阶段多由各地自主研究制定，存在一定差异。如浙江衢州对碳排放强度与行业基准比值为0~0.5、0.5~0.75、0.75~1和大于1的工业企业依次进行深绿、浅绿、黄色、红色四色贴标。山西长治在浙江衢州评价标准的基础上，增列“是否为发展改革委碳减排重点项目及预计减排水平”“年碳排放量下降程度”等参考条件，企业满足其中一条即可获取对应标识。

二是积极提供低碳转型融资支持。首先，金融监管部门根据评价评级结果开展政策指导。人民银行长治市分行根据企业四色碳排放标识码，分别予以“重点支持”“优先保证”“正常支持”“审慎介入”四类信贷政策窗口指导，推动金融机构为标识深绿、浅绿的企业提供更加低成本、高效率的金融服务。其次，金融机构开发碳账户专属金融产品。浙江衢州依托“衢融通”平台，构建“碳金融e超市”应用场景，金融机构可上线“碳易贷”“工业减碳助力贷”“农业碳中和贷”等碳账户专属金融产品，并根据企业授权，完成碳账户信息与贷款金额、利率、期限及担保方式的匹配。四川荥县将碳账户贴标结果与授信准入、利率定价、期限结构、还款方式、担保方式等挂钩。最后，企业自主申请并授权金融机构查询。广州创新推出“绿色碳链融”业务，由TCL集团筛选有融资需求且符合条件的供应商企业，向第三方认证评估机构提出碳排放核算申请。TCL财务公司根据碳账户评价结果，为供应商企业提供供应链票据贴现融资，利率比同期商业银行票据贴现利率低150个基点左右。

三是有序推进信贷碳效益核查监督。在金融机构信贷碳效益核查方面，浙江衢州金融机构通过“衢融通”平台获得贷款投放碳效分析表，对比贷前贷后的碳减排量、碳中和率、单位贷款碳排放强度等，形成科学、智能、可计量的信贷碳效益评估体系。在监管部门信贷碳效益监督方面，人民银行长治市分行基于碳账户信息分析金融机构信贷碳排放强度，对排放强度较高的9家地方法人金融机构进行重点监测，引导金融机构加强审慎管理，有效识别防范绿色低碳转型可能带来的金融风险。在推动有关政策支持工具精准投放方面，重庆拟通过碳账户的企业碳减排数据，为监管部门评价验证企业或项目的碳减排效应、金融机构信息披露的真实性及政策支持合规性提供数据支撑，推动碳减排支持工具精准直达投放。

以上分析表明，设立碳账户有着美好愿景，也进行了相关尝试。不过，全社会设立碳账户可能存在以下几个问题。

第一，全社会设立碳账户是一项系统性的复杂工程。要求记录范围 3 就已十分复杂，让企业甚至个人都记录范围 3 会十分困难而且不容易做好。政府应该帮助企业特别是中小企业简便直观地感知范围 3 排放，可以考虑通过价格传导机制把范围 3 的碳足迹包含进去。例如，可以把增值税计税方法用于记录范围 3 的碳足迹，即每一次购买商品的时候，通过付出碳价来记录商品所包括的碳足迹，就可以满足了解范围 3 碳足迹的要求，并且更为简便（见专栏 4）。

专栏 4

如何借鉴增值税（VAT）做法追踪碳足迹

一、借鉴 VAT 做法的几点理由

第一，人们需要节约碳排放。消费者希望知道所消费的商品里所含的二氧化碳排放量。生产者如果有觉悟，也希望购买碳排放尽可能少的投入品、原材料。在对外贸易中，有些国家希望进口商品能通过碳足迹显示碳含量多少，对碳含量多的商品还可能开征边境调节税。

第二，现在很多生产链条不仅长而且复杂，其复杂程度相当于一个树形结构。树根是产出品，上面有很多分叉。也就是说，零部件、零部件的零部件及最终原材料的来源是非常多样化的。那么，追踪碳足迹实际上就是想让大家知道产品的碳含量。但是，想要弄清楚像树形结构这么复杂的投入品构成非常不容易。一般来说，能知道直接购买的零部件和原材料的碳含量就已很不简单，再往下追踪就很困难。所以需要有一种技术

来帮忙。

第三，同一个产品实际上使用的能源可能来源不一，有的可能用太阳能，有的用水电。以电解铝为例，一段时间里相关企业都迁往云南，原因就是云南有过剩的水电，并且电网尚不能把电力都输出去；当然还有可能是从冰岛或者国内类似地方购买的电解铝，是利用地热发电生产出来的，那么这种铝里面含的二氧化碳就少。所以，由于用的能源、材料不一样，不能统算，也就是不能按产品类型就说某一类产品就含多少碳。这过于简单化，不利于相关产品的生产者节约碳。

第四，调控碳排放的原因之一是为了获得税收收入。要想收税，如果按产品收会太笼统，中间会有很多不合理之处。所以，可以参照流转税，特别是以 VAT 为根据，即各环节产生了多少碳排放就收多少税，或者加多少价。前一环节即进项的时候该纳的碳税已经缴过了，或者该加的价也已经加过了。

第五，涉及平等竞争问题。同一类可替代产品要达到平等竞争的话就需要搞清楚其碳足迹，不然，如果过于笼统，可能不利于创造平等竞争的环境。例如，如果进口的商品含碳多，国内生产的含碳少，国内可能因生产高成本的含碳少的商品而影响竞争力。这也正是欧盟等发达经济体提出碳边境调节机制（CBAM）的理由。

总的来看，一个最好的可能性是，考虑到企业数量多，生产链条长且复杂，可以按每个生产环节的附加价值或者碳附加量逐级核算，进行调节。如果说 VAT 要求计算产品增加值（Value Added），那么碳附加量或者碳足迹要求的则是碳排放增加值（Carbon Added，CA）。通过计算 CA 就可以在最终的产品中把碳足迹看清楚。

二、VAT 的几大特点

VAT 最重要的特点是计算本生产环节的 Value Added，前面环节的 Value Added 由进项发票表达，且该交的税都已经交了。因此 VAT 有以下几个特点：

第一是对长链条和树形复杂链条的应对特性比较好。同时也承认各生产环节的工艺是有差别的，同样的产品工艺路线不同最后的附加值会不同。

第二是不按产品计税。过去的产品税是逐级累计计征（Cascading），到最后形成的数据可能不准确。如对一个生产大而全的企业，与对多个依靠合作的小型企业累计计征的税会不一样，从而妨碍分工合理化和平等竞争。这就是很多国家从过去简单的税种特别是产品税类（关税也属于产品税类）走向增值税的原因。

第三是增值税系统不容易伪造单据。由于每个企业要是想减少自己产出的 Value Added 来少交税，会受到下一个环节的制约；要想夸大零部件等投入品的价格又会受上一个环节的制约。其间过去有交叉核查，一旦有了问题要被罚款。现在由于网络交叉核查可以做得更快、更有效。此外，国际贸易更强调平等竞争。如果要调节的话，可以是在国内征收 VAT，出口可以退税或者最后一道免征，这样国际的平等竞争也有了根据。总体来讲，VAT 是有助于分工、处理复杂的供应链和促进平等竞争。

三、模仿 VAT 做法建立追踪碳排放附加的系统

可以模仿 VAT 的做法建立一套系统，建立与之类似的发票制度、进项抵扣制度，从而得出碳排放附加值。同时，在出厂商品的标签中，或者卖给消费者的商品标签中都标明碳排放，除了标明价格还标明碳含量。这种发票单据系统也需要有交叉核验，对伪造作出处罚。

当然也要看到，该系统与 VAT 系统也存在差别。根据经济学原理，VAT 中所谓的 Value Added 是扣除了所有的投入品，其中也包括零部件、原材料、能源消耗、交通消耗等。所以，这

个 Value Added 是用生产要素来衡量的 Value Added，生产要素主要就是劳动力和资本（劳动力可以分类，包括管理和技术人才）。CA 不同于生产要素，资本本身也没有产生碳排放，人力虽然会产生碳排放，但不是主要的。

所以，可以把 CA 归纳为四个方面：第一个是自身生产或服务过程中的能耗，对于多数企业而言是电力，电力很好统算；第二个是自身用到的交通，也包括出差、坐飞机等，但多数是货运；第三个是自产的材料，如果含碳量高应该算进去，例如，有的工厂生产建筑预制件（如预制的大墙板等），其用到的水泥假如是自己所属工厂生产的，而水泥产生碳排放较多，那么就应该算进去；第四个是所谓特殊的工艺过程，其实主要是化工（还有一些是石油化工、造纸、废料处理等），某些经过化学反应工艺，可能释放大量的二氧化碳。除此之外的工艺过程，基本是不太重要的碳排放领域。

以上符合公众关于碳排放主要集中在化石能源和八大行业的普遍认识。化石能源中的碳排放很多是通过电力部门反映出来，另有一些通过交通部门得到反映。八大行业中还有化工（包括石油化工）、冶金和有色冶金、建材、造纸等，这些行业的大部分排放已经包括在能耗和交通里了，额外的是化工、有色冶金、造纸等，都属于自产材料和特殊工艺范围。所以，可以通过这几个环节来重点反映 CA，但这也需要一定工作量。

对于有多个产出品的大中型公司来说，需要自行将本公司能耗、交通的 CA 分解到多个产出品中，以便每种产品（或服务）向后定量传递其碳足迹。审计师可定期予以评估，即有可能出现结构误差，而不会有总量误差。恰好，大中型公司的 VAT 也需要做类似的工作。

未来，除了二氧化碳，还要看所有温室气体（GHG），GHG 也都要折算为二氧化碳当量。GHG 也涉及一些自产材料和特殊工艺的问题，其中就包括农业，如养牛会导致大量甲烷排放，但这些都是少数行业。绝大多数企业涉及的主要是能耗（能耗里主要是电力）和交通。

四、借助现有 VAT 系统和队伍来建立对碳足迹的追踪

可以考虑借助现有的 VAT 系统和队伍来追踪碳排放附加值，在现有的 VAT 发票体系加上一栏，即除了有一栏价值型的 Value Added 外，再加上一栏 CA，这样就可以由 VAT 队伍实现对碳足迹的追踪。与此同时，可以顺便按照 CA 收取一定的碳排放税（Carbon Added Tax，CAT）。按照增值税的道理，在每一个环节收一定的碳排放税，有助于提高税收，并且抑制碳排放，由使用者承担 CAT。这两点都是 VAT 特有的优势。

需要注意以下两点：一是税率不宜过高。碳排放的基准激励机制是碳市场价格，税收可以是它的一个分量，总的激励数值仍由碳市场决定。对排放者来说，其付出资金的一小部分用于缴纳 CAT，剩余的用于在市场上购买配额。二是开征碳排放税时要在预算上作出承诺，把该税种作为特殊目的税，收到的税款由预算部门全部用于支持气候变化减排的项目支出，不得挪用。在这两种情况下，收一定的 CAT 才是有道理的，现有的 VAT 整个系统和队伍也可以加以利用。

第二，如果与企业类似，要对每个消费者设立碳账户，就需要假设每个人都有高觉悟，会根据碳账户来调整自身行动，实际上这种假设可能不成立。

第三，碳账户可以记载累计排放，包括历史排放，但这正是当前净零排放路径中争议最大的问题。也就是说，如果发达国家和发展中国家考虑的都是历史排放，那么减排问题就会争论不休。只有各国都看到当前最迫切的任务是竭尽全力进行减排，措施一致同时兼顾公正转型，那么就不会过于纠缠历史问题。

整体而言，如果依靠碳价，那么只要消费者或企业为所购买的含碳排放的上游产品或投入品付费，就尽到了应尽的义务，是否记录碳账户意义并不大。这里其实涉及的是对碳价格或者碳市场形成价格的

作用的理解。总的来看，一种可行的调控方法是，通过价格机制将政府的目标和减碳的责任传导到企业，再传导到消费者，通过市场机制的调节达到均衡，而且各主体的行为不会持续相互矛盾。

当然，对政府而言，既要顾及长远，又要照顾民意。对企业来说，企业实际上是一种要素组合，今天可以以一种方式组合起来，若干年以后将要素打散重新组合，因此不可能要求企业有相当长远的视野。就消费者而言，其行为差异也很大。

综上所述，相关结论是，虽然需要号召企业和个人都为气候变化、为碳中和作出承诺和努力，但是这并不是一种最主要的途径，还是需要有一种精心设计的调控模式。该模式以实现多目标为目的，以价格来加权，高度依靠碳市场和其他形式的碳定价机制，由此形成最合理的激励约束机制，引导企业和个人的行为，引导投资，从而使跨期的调控目标能顺利实现。

问题七　公正转型与跨境碳交易和 CBAM

迈向碳中和的公正转型问题历来争议很大、难度很大。这里涉及几个问题。第一是针对人类在认识到温室气体效应之前排放二氧化碳的行为，当下是否应当追究责任。第二是科学界提出温室气体效应时，这一概念并未得到大众的广泛理解，科学家之间也有争论，从而导致没有明确的谁应该多减排的界限。因此，并不是说30年前UNFCCC开始倡导减排，减排行动就可以快速落地，中间还有一个过程。以中国为例，在习近平主席提出“双碳”目标后，中国社会才加深了对碳中和问题的认识，产生了更多的新观念和新看法。第三是如果在全球范围内已就碳中和达成共识，那么下一步应该是所有人都采取行动，而不是谁多做、谁少做的问题，全球应该共同探索新模式。

在公正转型涉及的多方面问题中，难度最大的应是资金协调问题，包括帮助发展中国家向低碳生产方式转变及对其作出补偿。发展中国家需要支持，但国际上提出的资金数额很不一致，从每年转移1000亿美元到几千亿美元，再到1.7万亿美元和3万亿~4万亿美元。而且，在当前全球政治经济格局下，筹集充足的转型资金也不容易实现。2022年COP27最终同意为受到气候灾难冲击的贫困国家建立损失与损害基金，这是促进公正转型的关键举措。

不过，一国实现公正转型在更大程度上应该依靠有效动员国内外资金，由市场和价格机制来引导。碳市场和碳价格的协调应成为公正转型的一个重要组成部分。IMF正在推动全球不同国家和地区形成不同的碳底价。而碳市场的连通，可以帮助发展中国家通过较低的碳排放权及碳信用价格吸引发达国家的资金进入；《京都议定书》下的清洁发展机制（CDM 机制）曾起到了这一作用。此外，还可以推动碳边境调节税（CBAM）的收入用于购买发展中国家或者是出口国的碳配额。

一、公正转型

公正转型的概念最早由加拿大工会活动家 Brian Kohler 于 1993 年提出，意在要求工会在环境保护政策实施的同时保障工人的工作机会，以维护因环境保护政策而面临失业风险的工人群体利益。1997 年《联合国气候变化框架公约》京都会议首次将公正转型概念引入气候领域。在 2010 年于墨西哥坎昆召开的《联合国气候变化框架公约》第 16 次缔约方会议（COP16）上，经国际劳工组织（International Labor Organization，ILO）提议，公正转型被正式写入《坎昆协议》，成为长期全球气候行动共同愿景的一部分，强调绿色转型过程中要兼顾对劳动力工作机会的保障。2018 年卡托维兹气候变化大会通过的《团结和公正转型西里西亚宣言》明确了公正转型的原则，即以团结合作为指导，在维持经济发展和人民生活水平的基础上，实现气候变化目标的绿色包容性发展原则。2022 年，联合国全球契约组织发布《公正转型入门：企业简明指南》（*Introduction to Just Transition：A Business Brief*），论述了私营部门在公正转型中承担的重要角色，力图为企业公正转型提供明确指引。

关于公正转型的内涵，联合国开发计划署（UNDP）指出，公正转型目前没有统一的定义，由于不同国家的发展阶段和突出矛盾各异，因此不同国家和地区的公正转型内涵各不相同，难以制定一个应用于所有国家的普适性政策框架。总体上看，公正转型主要涉及转型过程中国与国之间的公平性，以及一国行业之间和微观主体之间的公平性问题。

（一）转型过程中的国家公平

国与国之间在转型过程中的公平性，涉及各国所承担的责任、面临的风险，以及资源的不平衡性。发达国家最早实现工业化，确实在减排方面开始得早，而新兴市场和发展中国家一方面需要快速发展，另一方面要面对未来巨大的减排责任。同时，发达国家人均碳排放量强度高，发展中国家不得不承担高排放强度带来的较大气候风险，而且减排进程囿于资金技术的限制远低于发达国家的水平。未来全球气候变化在很大程度上取决于新兴市场和发展中国家是否能够顺利实现减排。

首先，发达国家人均排放量较高。根据经济合作与发展组织（OECD）测算，OECD 人均年碳排放量排行榜前十名的国家包括澳大利亚、美国、加拿大、新西兰等（见图 7）。

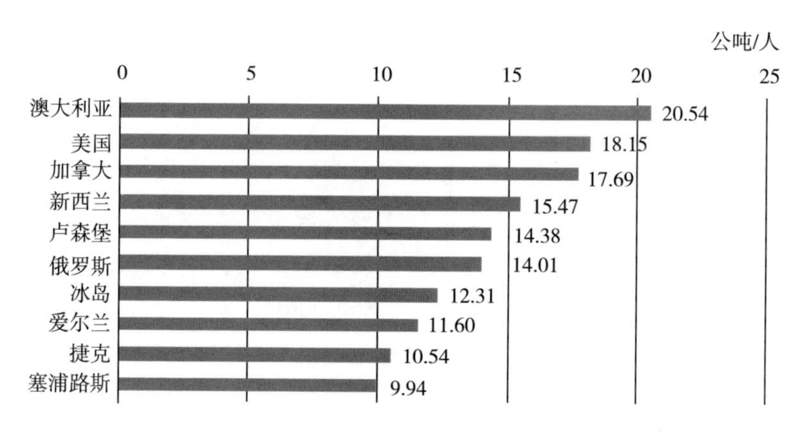

图 7　OECD 人均二氧化碳排放量前十名

（资料来源：OECD）

其次，发展中国家是气候风险加剧的主要受害者。根据德国观察（German Watch）2020 年发布的《全球气候风险指数报告》（*Global Climate Risk Index*），在 1999—2018 年遭受气候风险影响最为严重的 10 个国家和地区中，7 个为低收入的发展中国家，2 个为中/高收入国家（泰国和多米尼加）（见表 13）。联合国贸易和发展会议（UNCTAD）《2021 年贸易和发展报告》指出，发展中国家因气候灾害而产生的经济损失为高收入国家的 3 倍。

表 13　长期气候风险指数（CRI）

1999—2018 年遭受气候风险影响最为严重的 10 个国家和地区

长期气候风险和指数排名（1999—2018 年和 1999—2017 年）	国家	指数值	气候灾害导致的死亡人数（人）	每十万居民中因气候灾害导致的死亡人数（人）	总损失（美元 PPP）	每单位 GDP 损失（%）	灾害次数（次）（1999—2018 年）
1（第 1 名）	波多黎各	6. 67	149. 9	4. 09	4567. 06	3. 76	25
2（第 3 名）	缅甸	10. 33	7052. 4	14. 29	1630. 06	0. 83	55
3（第 4 名）	海地	13. 83	274. 15	2. 81	388. 93	2. 38	78
4（第 5 名）	菲律宾	17. 67	869. 8	0. 96	3118. 68	0. 57	317
5（第 8 名）	巴基斯坦	28. 83	499. 45	0. 3	3792. 52	0. 53	152
6（第 9 名）	越南	29. 83	285. 8	0. 33	2018. 77	0. 47	226
7（第 7 名）	孟加拉国	30	577. 45	0. 39	1686. 33	0. 41	191
8（第 13 名）	泰国	31	140	0. 21	7764. 06	0. 87	147
9（第 11 名）	尼泊尔	31. 5	228	0. 87	225. 86	0. 4	180
10（第 10 名）	多米尼加	32. 33	3. 35	4. 72	133. 02	20. 8	8

数据来源：German Watch：全球气候风险指数报告（*Global Climate Risk Index*）。

在减排进程上，发达国家的减排进程推进较快，发展中国家的减排进程却不够顺利。尤其是小岛屿的发展中国家，往往存在较多的条件限制而难以推动减排进程。

因此，公正转型意味着气候行动不应扩大高收入国家和低收入国家之间的不对称性，而应当正视和落实资金从发达国家流向发展中国家的义务①。正如联合国开发计划署署长阿希姆·施泰纳指出，只有多边合作才能实现《巴黎协定》的目标，发展中国家需要有针对性地支持，以推动向公平和包容的净零未来公正过渡。为实现公正转型，新兴市场和发展中国家需要大量的资金，用于设备更新、改造、科研和人力资源开发。此外，还需要在气候适应上加大投入。IPCC 估计，到 2030 年，发展中国家在气候适应上每年所需的资金将高达 1270 亿

① UNDP. How Just Transition Can Help Deliver the Paris Agreement.

美元，到2050年规模将进一步扩大到2950亿美元①。UNEP则预计，到2030年发展中国家在气候适应上的支出为1400亿~3000亿美元，在农业和基础设施上的支出将占一半。IEA测算，按目前发展中国家每年用于清洁能源投资的支出来计算，2030年来自各种渠道的资金需增加6倍以上（从不到1500亿美元增至超过1万亿美元），才有望在2050年实现净零排放②。

（二）转型过程中的就业公平

劳动者之间的公平性，重点在于转型过程中保护就业市场的弹性与包容。ILO对公正转型的定义是，在考虑相关从业者的基础上，完成经济绿色转型的同时保证所有人的工作机会。2015年，ILO发布《环境可持续经济和社会的公正转型共同准则》（*Guidelines for a Just Transition towards Environmentally Sustainable Economies and Societies for All*），为各国制定、执行与监管符合国情的公正转型政策框架提供了重要参考。2015年《巴黎协定》指出，“必须根据国家确定的发展优先事项，对劳动力进行公正转型，保障人们的生活水平并创造高质量就业机会”。

面对气候变化对就业市场带来的冲击，传统能源行业失业问题最为突出。为减少碳排放，全球产业结构正在快速调整，碳排放量较低的“绿色”行业规模逐步扩大，碳排放量较高的“棕色”产业向“绿色”转型或逐步退出市场。在这一过程中，清洁产业将提供更多的就业岗位，传统能源行业就业者面临失业冲击。据ILO测算，到2030年，2℃目标的实现路径将创造1800万个净新增就业岗位，其中，相应减少与化石燃料使用相关的工作岗位600万个。另据麦肯锡测算，至21世纪中叶，净零转型将为全球新增约2亿个工作岗位，同时减少约1.85亿个工作岗位。从具体行业来看，化石燃料相关行业的失业问题较为突出，新能源的就业市场持续扩大。其中，化石燃料开采与生产相关行业将缩减900万个工作岗位，化石燃料发电行业将缩减400

① IPCC第六次评估第二工作组.2022年气候变化：影响、适应与脆弱性［R］.

② IEA. Financing Clean Energy Transitions in Emerging and Developing Economies.

万个工作岗位，可再生能源发电、氢能源及生物能源行业将增加 800 万个工作岗位。此外，加强基础设施建设以强化应对气候变化灾害的能力，如完善灌溉网络的省水储水能力建设以应对极端干旱天气等，将提供更多的就业机会。

（三）行业转型的公平性

为了实现碳中和目标，各行业均需要采取措施进行碳减排以实现低碳转型，但是具体的转型节奏存在差异（见图 8）。根据 IEA 预测，电力部门减排量以及减排速度将远大于其余行业，其排放量从 2020 年到 2030 年将下降近 60%，并将于 2040 年前后达到净零排放目标。电力部门的减排主要得益于大力推进燃煤电厂的关闭，各国针对煤炭电厂退役进行了机制设计、技术研发以及资金投入，亚洲也在这一方向上作出了积极响应，如亚洲开发银行于 2021 年 5 月宣布将不再资助新增的煤电项目[①]。建筑部门排放量从 2020 年到 2030 年将下降 40%，主要措施是减少化石燃料锅炉的使用。IEA 测算，如果希望能实现 1.5℃ 的温控目标，需要从 2025 年起在全球建筑领域禁止新增化石燃料锅炉[②]。工业和交通运输部门排放量从 2020 年到 2030 年将下降约 20%。随着可持续能源技术成本的不断降低，工业和交通运输部门将于 2030 年加快减排速度，但由于航空和重工业等行业对于化石燃料的硬需求，这些部门在 2050 年很难完全达到净零目标。

由于各行业的排放基础以及转型速度不同，转型所需的资金规模以及技术投入也存在差异（见图 9）。从资金规模角度看，电力部门所需投资规模最大，并且在 2020—2030 年呈上升态势，于 2030 年超过 1.6 万亿美元。由于可再生能源的技术逐步成熟以及成本逐步降低，电力部门在 2030 年后的所需投资也将逐步下降。而交通部门所需的投资规模将由近年年均 1500 亿美元的水平持续上升，于 2050 年超过 1.1 万亿美元。

---

① 参见 https://www.adb.org/documents/draft-energy-policy-supporting-low-carbon-transition-asia-and-pacific.

② 国际能源署. 2050 年能源零碳排放路线图报告.

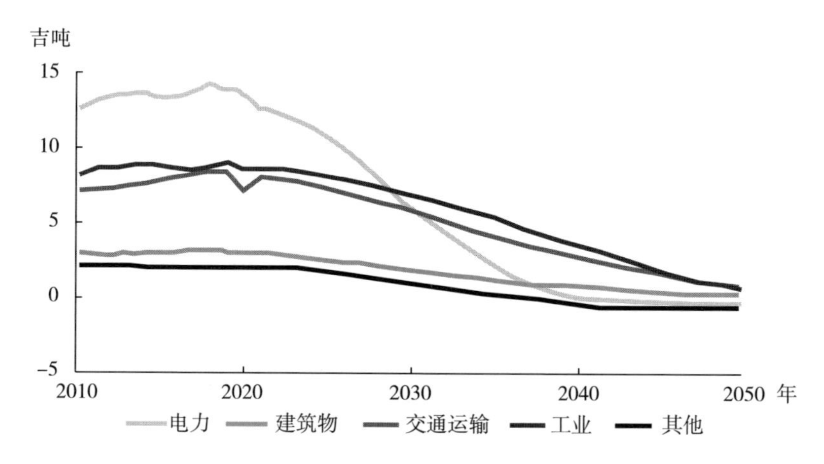

图 8　净零排放情景下，不同部门的全球二氧化碳净排放量

（资料来源：国际能源署）

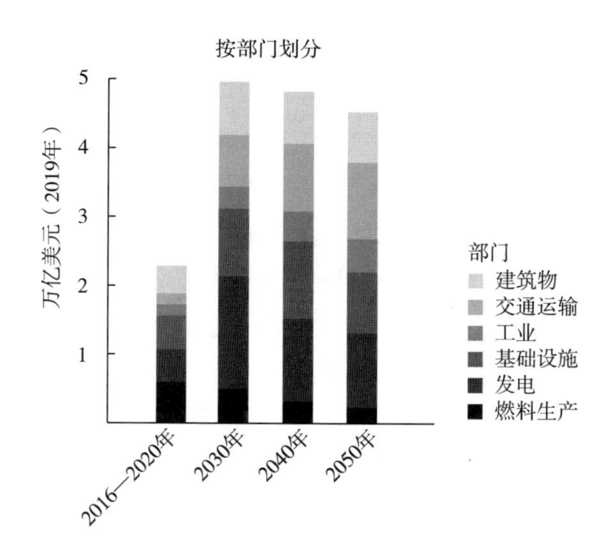

图 9　净零排放情景下的年均资本投资额

（资料来源：国际能源署）

（四）绿色转型需照顾的弱势群体

当前，为达到碳中和目标，大量绿色转型项目在政府激励以及便捷的审查通道下迅速推进，由此产生了转型项目侵占土地以及影响环境的突出问题，对占用原住民土地的赔偿以及对周边居民生计的影响未被充分考虑，更没有明确的解决措施。以印度为例，根据土地冲突观察（Land Conflict Watch，LCW）的统计数据，截至 2020 年 2 月，在印度的 703 起土地冲突中，与补偿性种植等环境保护行为相关的冲突占比为 15%，是引起土地冲突的第二大原因[①]。类似情况也发生在亚洲其他国家[②]，如尼泊尔的 Tanahu 水电改造项目将影响塞蒂河沿岸马加尔土著社区近 800 户家庭，导致超过 60%的居民失去农田；湄公河流域的水电项目开发增加了干旱风险并导致鱼类变少，影响 60 万依赖湄公河从事灌溉及捕鱼的居民；泰国 Chana 生物质发电厂的建造计划也将对厂址周边的 100 多个家庭造成影响。此外，根据商业与人权资源中心（BHRRC）的统计，全球 16 家最大的上市风能和太阳能公司均没有设置尊重土地权利或公正和公平地迁移居民的政策，这也体现出在绿色转型的过程中缺乏对弱势群体的保护。

二、公正转型的两大关键问题

2022 年 11 月结束的 COP27 最终就设立损失与损害基金达成共识，在实现气候正义上迈进了一步。但是，筹集的基金规模仍有待明确，而且在整个所谓公正转型中最终所能占的比例仍相对较小。新兴市场和发展中国家绿色低碳转型的资金缺口巨大，如何动员和配置如此巨量的资金来帮助新兴市场和发展中国家实现转型，成为能否真正实现公正转型的关键。尽管有大量的金融企业作出承诺，但从微观经济学的角度来讲，绝大多数金融机构都是“金融中介”，为资金所有者进行投资或者贷款，或者是做其他金融理财产品。因此，需要清醒地意识到，不是仅靠金融机构自己承诺就可以拿客户的钱来作绿色投融资，而需要足够的激励机制，考虑切实有效的方法来动员大量的资金，促进资金从发达国家向发展中国家转移。针对这一问题，可以考虑在全球碳市场之间建立可控连接，使发达国家的金融力量能购买其他市场上的碳配额、碳减排抵免或者碳信用。同时，欧洲碳边境调节机制（CBAM）的相应收入应该返回到发展中国家碳市场，帮助发展中国家

---

① LCW. Locating the Breach：Mapping the nature of land conflicts in India.

② 参见 https：//news. trust. org/item/20210208235919-ggxaz.

和新兴市场进行减排，对森林和土地进行保护。

（一）跨境碳交易机制问题

目前，《巴黎协定》第 6 条推动建立的国际跨境碳交易机制以及全球自愿碳市场的发展正在为全球碳市场的联通打下基础，为实现公正转型积极动员资源。

就《巴黎协定》第 6 条来说，可以加强 ITMO 的跨境交易，为发展中国家创造更多的气候融资来源。同时，在未来 SDM 项目替代 CDM 项目成为国际碳减排额度的重要交易形式后，需与更多国家强制性碳市场建立协同和连接，允许企业以更灵活的方式（如限定和不断下调占比）用 SDM 下的减排量在本国强制性碳市场履约。这不仅能激励 SDM 项目的开发，而且由此可以帮助建立起全球碳市场的连接机制，有力促进全球碳价趋同。

与此同时，可以研究 ITMO、SDM 与其他全球性或区域自愿碳信用机制和标准的协同。自愿碳信用机制在国际上正在迅速发展。在 COP27 上，若干非洲国家共同提出“非洲碳市场倡议”，提出要建立非洲自愿碳信用计划，力争到 2050 年累计通过 15 亿碳信用获得 1200 亿美元融资，带动 1.1 亿人就业。美国提出了名为能源转型加速器（Energy Transition Accelerator，ETA）的自愿碳信用计划，倡议非化石能源企业从发展中国家购买碳减排的信用额度。此外，2023 年 1 月，韩国 SK 集团和阿联酋主权财富基金穆巴达拉签署了建立亚洲自愿碳市场的协议，该市场将为企业提供经私人实体认证的碳信用交易平台，以抵消碳排放。全球自愿碳市场诚信委员会（ICVCM）推出了十大核心碳原则（CCP）和相应的准则手册，鼓励交易符合 CCP 原则的项目。ICVCM 正在积极推动各国监管当局在制定碳市场政策时参考 CCP，以促进全球标准统一。

（二）欧盟碳边境调节机制 CBAM

碳边境调节机制（Carbon Border Adjustment Mechanism，CBAM），也被称为“碳关税”“碳边境调节税”，是指采取严格碳减排措施的国家或地区对进口（出口）产品征收（返还）的税费或碳配额，其征收（返还）的额度取决于产品原产国（目的国）对产品“碳成本”的核算与严格碳减排措施国家境内核算之间的差异。该机制旨在解决因碳减排措施严格程度不同而产生的竞争力不公平以及碳泄漏问题（见图10）。2022 年 6 月，欧洲议会通过欧盟碳边境调节机制条例草案。2023 年 4 月 18 日和 25 日，欧洲议会、欧盟理事会先后通过该机制，完成了所有立法流程。CBAM 已于 2023 年 10 月 1 日起开始实施。2023 年 10 月 1 日至 2025 年 12 月 31 日，企业只需履行报告义务；2026 年起进入正式实施阶段，并在 2026—2034 年逐步削减免费配额，直至 2034 年完全取消免费配额。CBAM 涵盖水泥、电力、化肥、钢铁、铝以及化工品（氢）等行业（见专栏 5）。自 2026 年起，欧盟正式开征 CBAM 时，只豁免已加入欧盟排放交易体系的非欧盟国家（挪威、冰岛和列支敦士登），或者与欧盟碳市场挂钩的国家瑞士以及赫尔戈兰岛、布辛根、利维尼奥、休达、梅利利亚 5 个欧盟国家海外领地。CBAM 条例最终版还提到，欧盟将继续帮助中低收入国家去碳化，包括考虑调用出售 CBAM 证书的收入形成的资源。

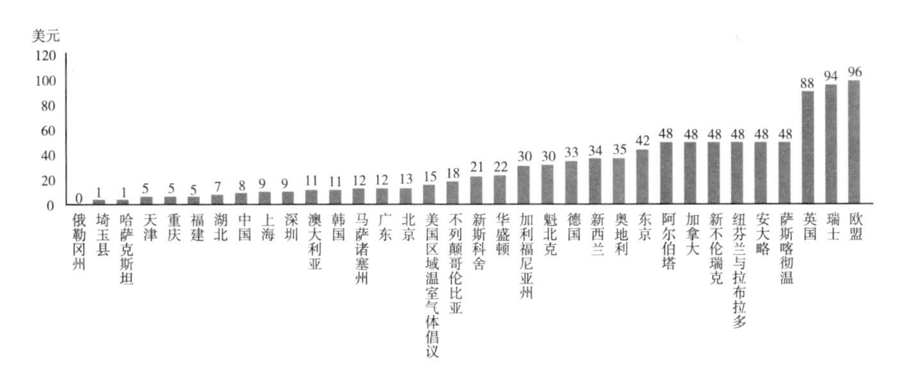

图 10　2023 年各国家或地区碳市场价格（更新至 2023 年 3 月 31 日）

（数据来源：世界银行）

CBAM 将对高度依赖向欧盟出口的发展中国家产生较大打击，这些国家碳排放核算能力弱，出口产业难以支持新加征的关税。IPCC 副主席索科纳强调，欧盟 CBAM 机制将损害那些“财力和人力不足的国家”的利益，尤其是非洲国家出口到欧洲的产品将被征收高额的碳关税，这不利于非洲国家经济发展。中国华能集团相关研究提出，CBAM 会对中国碳价形成长期上涨压力，可能增加发电企业的碳排放成本。企业需要加快发展风光水核等清洁能源发电，扩大绿色电力交易规模，服务出口生产商；同时需要加强提升碳价分析预测能力，探索开发 CCER 减排项目，降低企业履约成本。

在欧盟实施 CBAM 的大背景下，国际社会应共同呼吁把 CBAM 的相应收入返回发展中国家碳市场。据联合国贸发会议（UNCTAD）测算，如果 CBAM 以欧盟境内每吨 44 美元碳价来计算其与出口国碳价的价差并征收碳关税，发达国家的收入将增加约 25 亿美元，而发展中国家碳密集型行业出口将减少 1.4%，收入将减少约 59 亿美元。这将在转型过程中进一步扩大发达国家和发展中国家的收入差距，违反了公正转型的原则。因此，应建立把 CBAM 的收入返回发展中国家碳市场购买碳配额或碳信用的机制，帮助发展中国家和新兴市场进行减排，对森林和土地进行保护。

专栏 5

CBAM 征收范围、核算方式和清缴方式

一、CBAM 征收范围

根据正式发布的 CBAM 法案，CBAM 的具体征收范围包括水泥、电力、化肥、钢铁、铝以及化工品（氢）的直接与间接排放，其中，部分钢铁、铝以及化工品（氢）仅考虑直接排放。征收范围的确定原则为与欧盟碳交易市场（EU ETS）覆盖范围保持一致的基础上优先考虑碳排放强度高以及受国际贸易影响大（Emission Intensive & Trade Exposed，EITE）的产品，在保证程序复杂度不超过行政可负担范围的前提下扩大覆盖范围。在过渡期内，欧盟委员会将基于上述原则进一步关注是否将范围扩大到其余存在碳泄漏风险的产品，并完善对于间接排放的核算方法。

二、核算方式

CBAM 机制对碳排放量的核算根据核算范围的不同可以划

分为直接碳排放、间接碳排放以及完整碳足迹三类碳排放核算方式。其中，直接碳排放是指在产品生产过程中直接产生的温室气体排放。间接碳排放是指在产品生产过程中所采用的电力、热力等隐含的碳排放。完整碳足迹是指产品从原材料开采到使用后处置的全产业链中存在的碳排放，包含原材料开采、产品所需材料生产、产品生产、消费者使用、产品处置等阶段产生的碳排放。

核算方法根据能否明确测算产品所含的碳排放总量为标准分为两种方式。如果能够明确测算产品所含的碳排放总量，则可根据其生产过程中的化石燃料消耗量进行相应折算。如果该产品难以明确获得实际碳排放数值，则可参照出口国相关数据，以出口国平均排放强度作为权重利用默认排放系数来确定；如果出口国无法提供可靠数据，则参照欧盟同行业中排放强度最高的 10%的企业的数据来确定。

三、清缴方式

在 CBAM 机制下，欧盟委员会建立了 CBAM 授权申报人登记的电子数据库（CBAM Transitional Registry），以登记所有申报人账户信息。进口商只有在 CBAM 数据库中注册登记并获批成为授权申报人后方能进口产品，且在数据库中只有单一账户。对于所进口的产品，如果存在未在原产国缴清的碳成本，则需购买 CBAM 证书后才能进口。每张 CBAM 证书对应碳排放量为一吨的商品。所有的 CBAM 证书信息（购买者、CBAM 账户号码、货物数量及种类、原产国、实际排放值或默认值）将被记录在 CBAM 系统账户中。各 CBAM 授权申报人应在每年 5 月 31 日前购买并在 CBAM 登记处提交与排放量相对应的 CBAM 证书，CBAM 证书价格将以每周 EU ETS 的平均拍卖价格计算，未提交足量 CBAM 证书者需缴纳罚款；并于每年 6 月 30 日前提交由所在欧盟成员国回购多余 CBAM 证书的请求，回购价格即为该申报人购买该证书时支付的价格；每年 7 月 1 日，欧盟委员会将清空所有 CBAM 账户中的 CBAM 证书。

问题八　大力支持绿色技术的研发及相关领域投融资

实现碳中和，需要大力支持绿色低碳科技的研发及投融资。二氧化碳捕集利用与封存（CCUS）已成为国际上开始大规模利用的绿色技术；直接空气碳捕集和生物质能碳捕集与封存两大负排放技术以及生态碳汇技术的全球研发热情高涨，但前景仍具有不确实性；核裂变与核聚变、地球被动辐射冷却技术在等待更大的科学突破。以上绿色低碳技术每一个方向都需要巨大的资金投资，引导和加大金融资本对绿色低碳技术进行风险投资，一个方向的成功，就可以几何级地帮助解决气变问题（见图 11、图 12）。例如，《2022 年全球 CCUS 报告》指出，二氧化碳捕集与封存（CCS）在实现雄心勃勃的气候目标方面具有重要作用。IEA 的可持续发展情景模型显示，从现在到 2050 年，世界上 15%的减排量可以通过 CCS 实现；相当于到 2050 年共部署 2000 个大规模设施，资本需求为 6500 亿～13000 亿美元。全球应积极推动建立风险投资机制需要依靠的环境，包括碳市场和未来碳价格的形成，为解决资金缺口作最大的努力。

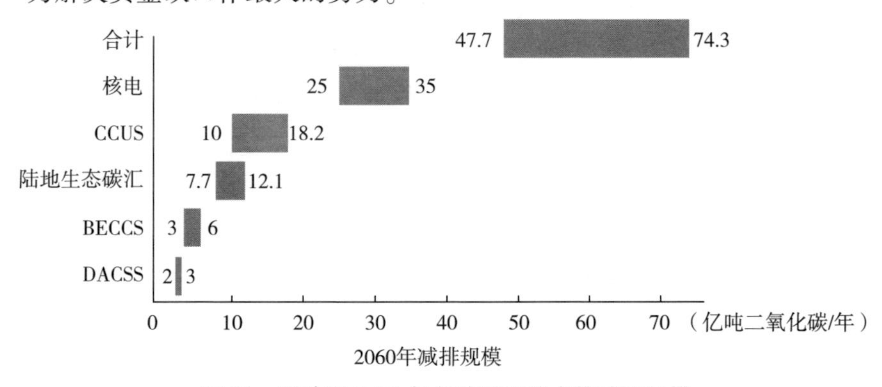

图 11　预计到 2060 年各碳减排技术的减排规模

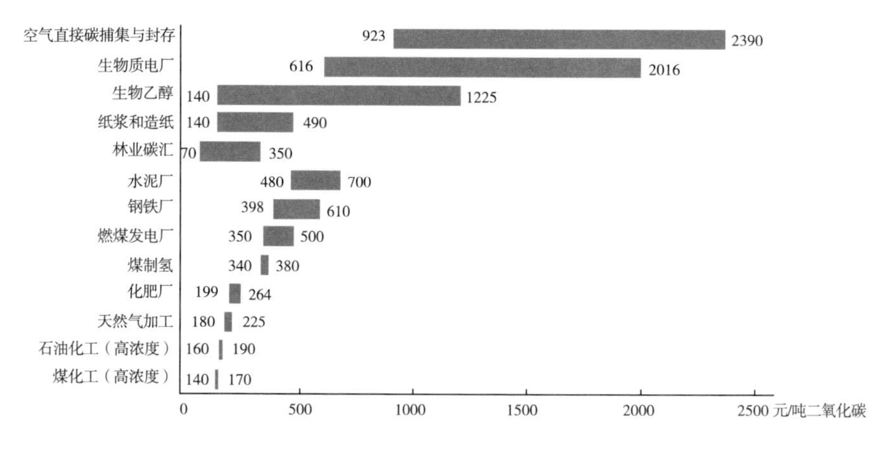

图 12　各碳减排技术的减排成本

一、二氧化碳捕集利用与封存

二氧化碳捕集利用与封存（CCUS）是指将二氧化碳从排放源中分离后，直接加以利用，或永久性封存，以实现二氧化碳减排的工业过程。《中共中央　国务院关于完整准确全面贯彻新发展理念做好碳达峰碳中和工作的意见》将 CCUS 列为实现“双碳”目标的关键核心技术，明确提出“推进规模化碳捕集利用与封存技术研发、示范和产业化应用”，加大对碳捕集利用与封存等项目的支持力度。CCUS 是目前为数不多的能够实现化石能源大规模低碳利用的绿色技术，且具备直接从空气中移除二氧化碳的能力，将是中国未来保障能源安全、践行可持续发展和实现碳中和目标的重要战略选择和技术手段。

在能源和工业行业中，CCUS 在煤化工行业应用的减排成本最低，为 140~170 元/吨二氧化碳；燃煤发电厂的 CCUS 减排成本为 350~500 元/吨二氧化碳。到 2060 年，预计中国 CCUS 的减排规模可以达到 10 亿吨~18.2 亿吨二氧化碳/年。

（一）CCUS 产业链长、应用领域广、带动作用强

CCUS 工业过程包括碳捕集、碳运输、碳利用和碳封存四个主要环节。碳捕集环节包括从化石燃料电厂、工业过程捕集二氧化碳，或从生物质利用过程或大气中回收二氧化碳（见图 13）。碳运输环节可

采用罐车、船舶或管道等运输方式。CCUS 产业链末端是碳利用和碳封存。二氧化碳利用方式包括地质利用（开采石油、天然气、煤层气等）、化工利用（合成甲醇、芳烃、酯类化合物等）和生物利用（养殖微藻和农业气肥等）。二氧化碳封存可以在陆地或海洋环境中具备合适地质条件和地质储存的区域开展。碳封存主要采用类似于石油天然气在地质储层中的封存机理，能够安全稳定埋存百万年时间。同时，开展碳封存还需要解决防止二氧化碳地震泄漏的问题。人类利用化石燃料每年产生 300 多亿吨二氧化碳，目前全球碳利用规模仅约 4 亿吨二氧化碳/年，碳利用仅能消纳小部分二氧化碳[①]，因此未来 CCUS 可能主要采用“利用优先、封存托底”的产业模式。

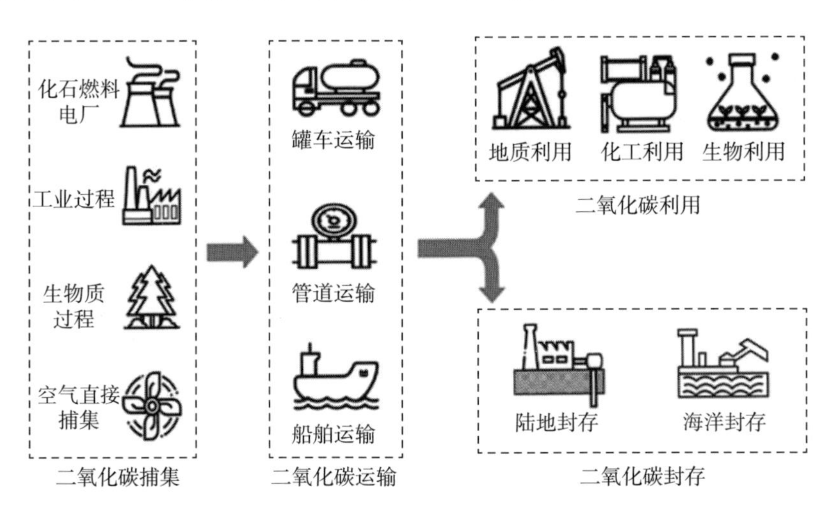

图 13　CCUS 技术流程

CCUS 产业涵盖电力、钢铁、水泥、化工、船舶、海洋工程、石油天然气开采、食品、农业等国民经济主要行业，产业链长、覆盖面广、上下游关联产业众多，未来有望在中国国民经济建设中发挥重要作用，为工业、制造业和服务业带来新的增长机遇。油气行业气候倡议组织（OGCI）发布的《中国碳捕集、利用与封存商业化白皮书》预测，2050 年中国国内 CCUS 市场将创造 2012 亿～6728 亿元经济附加值

① 国际能源署（IEA），Putting CO_2 to use，2021.

(GDP),海外 CCUS 市场将为中国带来 937 亿~3750 亿元经济增加值(GVA),届时整个 CCUS 行业将为中国创造 398 万~1163 万个就业机会。

(二) CCUS 对于实现碳中和目标至关重要

CCUS 是全球高度关注的碳中和关键技术。IPCC《全球升温 1.5℃特别报告》对未来多种气候情景进行评估,几乎所有情景都需要 CCUS 的参与才能将温升控制在 1.5℃范围内。在 IEA2050 年净零排放情景目标下,到 2030 年全球每年碳捕集量需要达到 16.7 亿吨/年,其中从化石燃料和工业过程中捕集的二氧化碳将占总捕集量的 79.3%;到 2050 年,全球每年碳捕集量需要达到 76 亿吨/年,其中从化石燃料发电和工业过程中捕集的二氧化碳将占总捕集量的 71.4%。根据全球碳捕集与封存研究院(GCCSI)的估算,目前全球处于运行阶段或开发阶段的 CCUS 商业设施共有 196 个,年捕集能力达 2.439 亿吨,CCUS 项目主要位于美国、欧洲、中国、中东和澳大利亚①。但目前全球 CCUS 碳捕集能力还远未达到 1.5℃升温情景或 2050 年净零排放情景的减排需求,未来 CCUS 的减排需求和发展潜力巨大。

中国工业行业发达,能源资源以煤为主,CCUS 对于中国实现碳中和目标尤其重要。综合国内外的研究结果,碳中和目标下中国 CCUS 减排需求为:2030 年 0.2 亿吨~4.08 亿吨/年,2050 年 6 亿吨~14.5 亿吨/年,2060 年 10 亿吨~18.2 亿吨/年。其中,在 2060 年碳中和情景下,CCUS 在煤电、气电、钢铁、水泥行业的减排量分别达到 2 亿吨~5 亿吨/年、0.2 亿吨~1 亿吨/年、0.9 亿吨~1.1 亿吨/年和 1.9 亿吨~2.1 亿吨/年,是上述行业实现碳中和的关键技术②。另外,预计到 2060 年,中国还需要通过生物质能碳捕集与封存、直接空气碳捕集与封存两项技术实现 3 亿吨~6 亿吨/年、2 亿吨~3 亿吨/年的减排量,产生碳汇用于抵消难减排行业的碳排放。

---

① 全球碳捕集与封存研究院(GCCSI). Global Status of CCS 2022 [R]. 2022.

② 生态环境部环境规划院. 中国二氧化碳捕集利用与封存(CCUS)年度报告 [R]. 2021.

（三）CCUS逐渐呈现出规模化和集群化发展趋势

近年来，中国高度重视CCUS技术发展，相关技术成熟度快速提高，已开展多种类型、覆盖多行业多区域的CCUS示范项目，各技术环节均取得了显著进步，部分技术已经具备商业化应用潜力。根据最新统计，中国已投运或建设中的CCUS示范项目50余个，捕集规模约400万吨/年，涵盖电力、钢铁、水泥、石化、化工等行业（见表14）。其中，规模最大的项目为“齐鲁石化—胜利油田百万吨级CCUS项目”，电力和水泥行业具有代表性的项目分别为“国家能源集团国华锦界电厂15万吨/年二氧化碳捕集与封存全流程示范项目”和“海螺水泥5万吨级二氧化碳捕捉收集纯化示范项目”。更多全流程的百万吨级项目正在规划建设中。国家能源集团与中石油长庆油田开展合作，拟在宁夏宁东能源化工基地建设煤化工行业百万吨级CCUS示范项目；华能联合中石油长庆油田等单位正在甘肃陇东地区建设规模为150万吨/年的CCUS示范项目；通源石油计划投资10亿元人民币在新疆库车建设百万吨级二氧化碳捕集利用一体化示范项目；新疆广汇新能源目前正在建设300万吨/年的二氧化碳捕集、管输及驱油一体化项目；包钢集团正在建设我国钢铁行业首个200万吨/年的CCUS项目。

CCUS集群具有基础设施共享、项目系统性强、技术代际关联度高、能量资源交互利用、工业示范与商业应用衔接紧密等优势，是一种低成本、高效率、广覆盖、体系化的CCUS集群发展途径。随着我国CCUS项目规模的不断扩大，CCUS将逐渐呈现出集群化发展趋势。目前，多项CCUS集群规划研究已在国内启动。2022年6月，中国海油与广东省发展改革委、壳牌（中国）有限公司和埃克森美孚（中国）投资有限公司合作启动了我国首个海上规模化（300万吨~1000万吨级）CCUS集群研究项目；2022年9月，广东发布了国内首份省级CCUS规划研究报告，该报告建议在广东规划建设4个CCUS工业集群；2022年11月，中国石化与壳牌、中国宝武、巴斯夫在上海签署合作谅解备忘录，四方将开展合作研究，在华东地区共同启动我国首个开放式千万吨级CCUS项目。

表 14　中国大型 CCUS 项目分布情况

项目名称	年份	工作量	地区	项目状态	二氧化碳归宿	建设单位
包头钢铁 CCUS 示范项目	2022	200 万吨/年	内蒙古	建设中	驱油	包头钢铁（集团）有限责任公司
国家能源集团鄂尔多斯咸水层封存项目	2011	10 万吨/年	内蒙古	已完成试验或试运行	咸水层封存	国家能源投资集团有限责任公司
敦华石油-新疆油田项目	2015	10 万吨/年	新疆	运行中	驱油	新疆敦华绿碳技术股份有限公司
准东二氧化碳驱水封存野外先导试验	2018	/	新疆	已完成试验或试运行	驱油	国家能源投资集团有限责任公司
国华锦界电厂捕集与封存项目	2021	15 万吨/年	陕西	运行中	驱油	国家能源投资集团有限责任公司
宁东基地 CCUS 示范项目	2021	100 万吨/年	宁夏	建设中	驱油	国家能源投资集团有限责任公司
延长石油煤化工捕集与驱油示范项目	2022	30 万吨/年	陕西	运行中	驱油	陕西延长石油（集团）有限责任公司
兰州新区液态太阳燃料合成示范项目	2020	1 千吨/年	甘肃	运行中	化工利用或销售	/
中石油长庆油田 EOR 项目	2017	5 万吨/年	陕西	运行中	驱油	中国石油天然气集团有限公司
重庆双槐电厂碳捕集示范项目	2010	1 万吨/年	重庆	运行中	化工利用或销售	中国电力建设集团有限公司

续表

项目名称	年份	工作量	地区	项目状态	二氧化碳归宿	建设单位
西昌矿化脱硫渣关键技术与万吨级工业试验	2020	1.5 万吨/年	四川	运行中	化工利用或销售	鞍钢集团有限公司
华中科技大学 35MW 富氧燃烧技术研究与示范	2014	10 万吨/年	湖北	运行中	不确定	华中科技大学
海洋石油富岛公司二氧化碳加氢制甲醇工业实验装置	2020	5 千吨/年	海南	运行中	化工利用或销售	中国海洋石油集团有限公司
中联煤二氧化碳煤层气项目（柿庄）	2004	/	山西	已完成试验或试运行	驱替煤层气	中联煤层气有限责任公司
恩平 15-1 油田群二氧化碳回注示范项目	2022	30 万吨/年	珠江口盆地	建设中	咸水层封存	中国海洋石油集团有限公司
华润海丰电厂碳捕集测试平台	2019	2 万吨/年	广东	运行中	化工利用或销售	华润电力控股有限公司
海螺集团二氧化碳捕集纯化示范项目	2018	5 万吨/年	安徽	运行中	化工利用或销售	安徽海螺集团有限责任公司
华东油气田 CCUS 全流程示范项目	2015	20 万吨/年	江苏	运行中	驱油	中国石油化工集团有限公司
台湾水泥项目	2018	5 千吨/年	台湾	运行中	不确定	台湾水泥股份有限公司

续表

项目名称	年份	工作量	地区	项目状态	二氧化碳归宿	建设单位
浙能兰溪碳捕集与矿化利用示范项目	2022	1.5 万吨/年	浙江	建设中	化工利用或销售	浙江浙能兰溪发电有限责任公司
浙江平湖垃圾发电厂碳捕集项目	2022	/	浙江	运行中	化工利用或销售	福建龙净环保股份有限公司
华能石洞口电厂捕集示范项目	2009	12 万吨/年	上海	运行中	化工利用或销售	中国华能集团有限公司
泰州电厂碳捕集与利用示范项目	2022	50 万吨/年	江苏	建设中	化工利用或销售	国家能源投资集团有限责任公司
连云港清洁能源动力系统 IGCC 项目	2011	3 万吨/年	江苏	运行中	不确定	中国华能集团有限公司
中石化中原油田 EOR 项目	2015	10 万吨/年	河南	运行中	驱油	中国石油化工集团有限公司
齐鲁石化－胜利油田 CCUS 项目	2022	100 万吨/年	山东	运行中	驱油	中国石油化工集团有限公司
国电天津北塘热电厂碳捕集项目	2012	2 万吨/年	天津	运行中	化工利用或销售	中国国电集团有限公司
辽河油田 CCUS 先导试验	2021	/	辽宁	建设中	驱油	中国石油天然气集团有限公司

续表

项目名称	年份	工作量	地区	项目状态	二氧化碳归宿	建设单位
华能长春热电厂相变型碳捕集工业实验装置	2021	1 千吨/年	吉林	运行中	不确定	中国华能集团有限公司
博大东方二氧化碳基生物降解型料项目	2021	30 万吨/年	吉林	已完成试验或试运行	不确定	博大东方新型化工（吉林）有限公司
吉林油田二氧化碳-EOR研究与示范项目	2008	60 万吨/年	吉林	运行中	驱油	中国石油天然气集团有限公司
大庆油田二氧化碳-EOR示范项目	2013	12 万吨/年	黑龙江	运行中	驱油	中国石油天然气集团有限公司
通辽二氧化碳地浸采铀项目	/	/	内蒙古	运行中	地浸采铀	中国核工业集团有限公司
华能天津 IGCC 二氧化碳捕集设施	2016	10 万吨/年	天津	运行中	不确定	中国华能集团有限公司
大唐高井燃气热电联产工程碳捕集系统	2013	5 吨/天	北京	运行中	不确定	中国大唐集团有限公司
甲烷二氧化碳自热重整制合成气装置	2017	60 吨/天	山西	运行中	化工利用或销售	山西潞安矿业（集团）有限责任公司
中联煤二氧化碳煤层气项目（柳林）	2012	/	山西	已完成试验或试运行	驱替煤层气	中联煤层气有限责任公司

中国碳捕集技术目前整体处于全球先进水平，国家能源集团、华能集团、中国石化、中国石油等大型国企，以及众多高校和科研机构团队正在开展各类型碳捕集技术研究。捕集技术中的燃烧后捕集技术是目前最成熟的捕集技术，可用于大部分火电厂、钢铁厂和水泥厂的脱碳改造；耗能低、成本低的第二代捕集技术有望于 2035 年前后大规模应用。

在船舶和罐车运输二氧化碳技术领域，中国与国际先进水平同步。但在输送潜力最大的管道运输技术领域，中国刚开展相关示范，相比处于商业应用阶段的国际先进水平差距显著。在二氧化碳地质封存领域，2010 年中国已开展国家能源集团（神华）煤制油分公司深部咸水层二氧化碳地质封存示范工程，共封存约 30 万吨二氧化碳，已成熟掌握陆上二氧化碳地质封存技术。但在二氧化碳离岸封存领域，中国海油于 2021 年刚启动中国首个海上碳封存项目——恩平 15-1 油田群二氧化碳封存示范工程，在相关领域与挪威、美国和英国等发达国家尚存在一定差距。

中国碳利用技术水平整体与发达国家相当，部分技术处于优势，但也有少数技术存在差距。例如，在二氧化碳地质利用方面，中国在胜利油田已建成百万吨级二氧化碳驱油项目，国内主要陆上油田均已采用二氧化碳作为提高石油采收率的关键手段；在二氧化碳合成燃料方面，已率先建成二氧化碳制取绿色甲醇、合成汽油、制备合成气中试项目，技术能力在全球较为领先；在二氧化碳合成化工产品方面，已开展二氧化碳合成碳酸二甲酯、异氰酸酯、二甲基甲酰胺、四甲苯、丁二酸、可降解塑料、碳纳米管等领域中试项目，部分应用技术处于全球领先水平。与此同时，中国在部分碳利用技术领域与国际先进水平仍有差距，主要体现在二氧化碳强化采油、强化天然气开采和生物发酵制丁二酸等应用技术领域和国际领先水平尚有差距。此外，中国在二氧化碳利用的基础研究领域仍存在较大不足。

鉴于碳封存伴随着的潜在环境风险，为确保 CCUS 项目的安全设计、布置、实施和运营，必须建立完善的监管框架。美国、欧盟、澳大利亚、加拿大等发达经济体已经制定了专门的 CCUS 法律法规，以促进 CCUS 产业的商业化和实践。目前，中国急需建立 CCUS 法律框架和标准体系，以推动 CCUS 项目的实际落地并降低开发风险。

（四）成本高是目前阻碍 CCUS 技术应用的主要因素

根据 2022 年的成本数据测算，水泥是我国减排成本最高的行业，达到 480~700 元/吨二氧化碳；燃煤发电和钢铁行业属于减排成本较高行业，分别为 350~500 元/吨二氧化碳和 398~610 元/吨二氧化碳；煤化工行业中高浓度的二氧化碳减排成本相对较低，最低可达到低于 140 元/吨二氧化碳。以华能上海石洞口二厂 CCUS 项目为例，该煤电厂碳捕集装置已运行超过 10 年，技术水平世界先进，但由于项目规模较小，导致单位成本较高，捕集成本超过 390 元/吨二氧化碳。

未来，随着 CCUS 应用规模扩大和经验积累，CCUS 成本有望持续降低。IEA 预测 2019 年至 2070 年，由于 CCUS 项目的实践、研究以及电力和工业行业间技术经验的共享交流，二氧化碳捕集成本有望较目前水平降低约 35%①。OGCI 研究指出②，中国若要实现亚洲开发银行《中国 CCUS 示范和推广路线图》报告提出的 2050 年 CCUS 达到每年 24 亿吨的碳减排目标，CCUS 在 2020—2050 年需要 2130 亿元人民币的资金支持，约合 2020 年的 710 亿元人民币净现值。相比之下，CCUS 在未来 30 年内所需的公共资金补贴需求，远低于目前每年部署可再生能源的补贴资金预算，但与此同时，CCUS 为中国预计带来的 GDP 贡献要高于未来 30 年发展 CCUS 的累积资金需求。

中国目前的 CCUS 项目基本是由政府指导下的国有企业进行投资，CCUS 融资模式和渠道亟待进一步完善和发展。OGCI 结合众多行业专家意见，研究提出了多项中国 CCUS 支持政策建议，包括：（1）为中国 CCUS 行业设立 710 亿元人民币规模的产业基金。一方面，通过市场化运作取得稳定回报，为未来 20 年各行业 CCUS 示范项目提供赠款支持；另一方面，引入竞标机制，促进成本下降和优化项目选择。

---

① 国际能源署（IEA）. Energy Technology Perspective 2020 [R]. 2020.

② 油气行业气候倡议组织（OGCI）. 中国碳捕集、利用与封存商业化白皮书 [R]. 2021.

(2) 通过碳交易系统（ETS）支持 CCUS 的发展，每年利用碳市场配额拍卖的 80 亿元人民币收入（如有）结合中国核证减排量（CCER）机制来支持 CCUS 项目运转。(3) 在未来 20 年，每年用约 100 亿元人民币财政补贴支持 CCUS 示范项目。(4) 采用差价合约（CfD）机制弥补 CCUS 项目在能源和工业产品方面产生的额外成本，并引入竞标机制降低各行业实施 CCUS 的平均成本。

二、负排放关键技术：直接空气碳捕集与封存技术、生物质能碳捕集与封存技术

（一）直接空气碳捕集与封存技术

直接空气碳捕集（Direct Air Capture，DAC）是一种从空气中直接分离浓缩二氧化碳的技术。按捕集原理划分，DAC 技术可分为固体直接空气捕集、液体直接空气捕集、变电吸附技术和膜基直接空气捕集技术。直接空气碳捕集与封存（DACCS），是指利用工程技术从大气中直接回收二氧化碳并封存在地下储层，从而实现负排放的技术过程。在 IEA 对 2050 年净零排放情景的展望中，2030 年，DAC 技术将捕获超过 8500 万吨二氧化碳，2050 年将达到约 9.8 亿吨。国家生态环境部环境规划院发布的《中国 CCUS 年度报告（2021）》预测，2060 年要实现碳中和，直接空气碳捕集与封存（DACCS）每年需要实现减排 2 亿~3 亿吨二氧化碳。从空气中直接捕集和封存二氧化碳的成本是所有 CCUS 技术中最高的，为 923~2390 元/吨二氧化碳。

1. 全球 DAC 技术研发热情高，示范项目数量不断增多。目前，全球已有 18 家 DAC 工厂投入运营，捕集总量约为 1 万吨/年，主要位于美国、欧洲和加拿大（见表 15）。然而这些工厂规模普遍较小，捕集的二氧化碳以利用为主，如生产碳酸饮料。只有 2 家工厂将捕集的二氧化碳用于地质封存，即真正实现了 DACCS 全流程。

表 15　全球运行中的 DAC 工厂

项目编号	公司	所属国家	启动时间	项目规模（吨二氧化碳/年）
1	Global Thermostat	美国	2010 年	500
2	Global Thermostat	美国	2013 年	1000
3	Clime Works	德国	2015 年	1
4	Carbon Engineering	加拿大	2015 年	365
5	Clime Works	瑞士	2016 年	50
6	Clime Works	瑞士	2017 年	900
7	Clime Works	冰岛	2017 年	50
8	Clime Works	瑞士	2018 年	600
9	Clime Works	瑞士	2018 年	3
10	Clime Works	意大利	2018 年	150
11	Clime Works	德国	2019 年	3
12	Clime Works	荷兰	2019 年	3
13	Clime Works	德国	2019 年	3
14	Clime Works	德国	2019 年	50
15	Clime Works	德国	2020 年	50
16	Clime Works	德国	2020 年	3
17	Clime Works	德国	2020 年	3
18	Clime Works	冰岛	2021 年	4000

资料来源：IEA（2022），Direct Air Capture：A key technology for net zero IEA，Paris。

目前，全球最大的 DACCS 项目记录由瑞士碳捕集初创公司的 Clime Works 公司保持，其在冰岛的 Orca 工厂采用固体直接空气捕集技术每年捕集 4000 吨二氧化碳。二氧化碳捕获后注入玄武岩地层中，与岩石矿物发生化学反应形成碳酸盐，从而永久地封存二氧化碳。Clime Works 目前正在冰岛建设一个规模更大的 DACCS 项目，名为“猛犸象”（Mammoth），预计每年可从大气中回收 3.6 万吨二氧化碳。Clime Works 的目标是到 2030 年捕集能力达到百万吨级，2050 年捕集能力达到 10 亿吨级。

在美国，OLCV 公司开发的 DAC1 是规模最大的 DACCS 项目，捕集规模为 100 万吨二氧化碳/年，目前正处于建设阶段，预计于 2024 年投入使用。该项目采用氢氧化钾溶液作为吸收剂捕集二氧化碳，捕集到的二氧化碳将主要被用于地质封存，投运后将成为全球规模最大的 DACCS 商业项目。

综合来看，当前固体直接空气捕集和液体直接空气捕在国外已经处于示范阶段，而膜基直接空气捕集技术和变电吸附（ESA）技术的成熟度不足，仍处于基础研究阶段。DAC 的研发工作主要集中在二氧化碳溶剂和吸附剂方面，目的是找到能耗更低的替代品。我国当前仅少数高校课题组正在开展 DACCS 相关研究，尚未开展技术示范，无论在技术基础研究和示范应用方面均和发达国家存在较大差距。

2. DAC 技术亟待通过技术创新降低成本。由于大气中的二氧化碳浓度显著低于工业排放源烟气中二氧化碳浓度，因此从空气中捕集二氧化碳的成本非常高。以 100 万吨/年的 DAC 项目为例，项目的减排成本为 132～342 美元/吨二氧化碳（折合 923～2390 元/吨二氧化碳）。因此，现阶段发展 DAC 技术和项目以科学研究和技术储备为主，DAC 技术短期内不具备商业化的条件。未来需要通过不断的技术创新降低成本，才可能使 DAC 技术的商业化和大规模部署成为可能，发挥重要的温室气体减排作用。

短期内，DAC 技术的大规模示范将需要政府有针对性的支持，包括通过补贴、税收抵免和低碳的公共采购。目前，包括美国、欧盟、英国、加拿大和日本在内的发达经济体均出台了相应的政策支持 DAC 的研究、开发、示范和部署。

基于 DAC 的二氧化碳自愿减排配额交易市场和私人投资也正在扩大。据 IEA 统计，自 2020 年初至 2022 年，公开宣布为 DAC 研发和部署提供的专项资金已有近 40 亿美元，DAC 技术头部企业已筹集约 1.25 亿美元的资金。DAC 私人投资也日渐高涨，包括清洁技术风险投资基金（Breakthrough Energy Ventures）、Prelude 风险投资公司和低碳资本新基金（Lower Carbon Capital）在内的各大风投机构。2022 年，Clime Works 获得 6.5 亿美元投资，是迄今为止 DAC 项目的最大投资。2022 年 4 月，低碳资本基金宣布打算向开发基于 DAC 技术解决方案的初创企业投资 3.5 亿美元。除此之外，谷歌、脸书、麦肯锡等企业已经承诺在 2022—2030 年购买 9.25 亿美元的永久性碳去除项目的减排量。

（二）生物质能碳捕集与封存技术

生物质能碳捕集与封存（BECCS），是指将生物质燃烧或转化过程中产生的二氧化碳进行捕集和封存。生物质资源来源广泛，包括农业废弃物、木材和森林废弃物、城市有机垃圾、藻类生物质以及能源作物。植物光合作用能够吸收大气中二氧化碳并转化为有机物，以生物质的形式积累储存下来，因此生物质利用过程属于“净零排放”。如果将生物质燃烧产生的二氧化碳捕集后进行封存，则可实现大气二氧化碳浓度下降和负排放。BECCS 目前的减排成本为 616~2016 元/吨二氧化碳，2060 年在中国的减排规模预计为 3 亿~6 亿吨二氧化碳/年。

1. BECCS 是减排潜力最大的负排放技术。IPCC、IEA 等国际机构对 BECCS 技术高度关注，认为 BECCS 是全球实现近零排放目前必需的负碳技术。在 IEA 的 2050 年净零排放情景下，2050 年来自生物质能碳捕集量将达到 13.8 亿吨，占全球总捕集量的 18.2%。IPCC《全球温升 1.5℃特别报告》指出，在实现 1.5℃温控目标的四种情景中，每种情景下都需要规模化部署 BECCS 项目。IPCC 第六次评估报告预测 BECCS 技术在 2050 年的全球减排贡献将达到 5.2 亿~94.5 亿吨/年（中位数 27.5 亿吨/年），与直接空气碳捕集技术、生态碳汇并列为最关键的负碳路径。

我国目前仅开展 1 例 BECCS 示范项目（浙江平湖垃圾发电厂碳捕集项目），但 BECCS 未来减排需求巨大。生态环境部环境规划院《中国二氧化碳捕集利用与封存（CCUS）年度报告（2021）》预测，我国将在 2035 年后开始大规模应用 BECCS 技术；2040 年，BECCS 技术将实现每年减排 0.8 亿~1 亿吨二氧化碳，占全国总减排量的 8%~21%；2060 年，实现碳中和时，BECCS 每年的减排量将达到 3 亿~6 亿吨二氧化碳，占全国总减排量的 30%~33%。

2. BECCS 技术尚不成熟，示范项目数量较少。当前，多数 BECCS 技术仍处于示范或试点阶段，仅有部分技术接近商业化应用。从生物乙醇生产过程捕集二氧化碳是最成熟的 BECCS 技术路线，目前每年从生物质来源捕集的二氧化碳中，90%以上来源于生物乙醇生产过程。该过程气流二氧化碳浓度高、捕集成本低，是目前成本最低的 BECCS 应用技术路线。生物质燃烧电厂的碳捕集目前处于示范阶段；在工业上，生物质在窑中共烧技术已经商业化应用，但从窑炉和高炉废气中捕集二氧化碳仍处于技术研究或中试阶段。尽管 BECCS 对实现净零排放的重要性受到高度关注，但目前全球 BECCS 项目的部署数量仍然较少。

目前，世界上最大的 BECCS 项目是美国伊利诺伊州工业碳捕集项目。该项目从玉米生产乙醇过程中捕集高浓度二氧化碳用于地质封存，减排规模达到 100 万吨/年。另外，美国、加拿大和英国还有数个小型 BECCS 项目处于运行或规划阶段，合计年捕集总量约 50 万吨。浙江平湖垃圾发电厂碳捕集项目是中国目前唯一在运行的 BECCS 相关项目，在乙醇工厂或生物质电厂碳捕集方面，中国尚未开展技术示范。

不同行业的 BECCS 成本差别很大，每减排 1 吨二氧化碳的成本在 20~300 美元（见表 16）。

表 16　不同行业的 BECCS 成本　　单位：美元/吨二氧化碳

BECCS 行业	减排成本
生物质电厂燃烧 CCS	88~288
生物乙醇 CCS	20~175
纸浆和造纸	20~70

从生物乙醇生产中捕集二氧化碳是最成熟的 BECCS 技术路线，目前每年从生物来源捕集的二氧化碳中的 90%以上来源于生物乙醇生产过程，由于过程气流二氧化碳浓度高，该技术路线成为成本最低的 BECCS 应用之一。BECCS 能够受益于可再生能源成本的下降以及支持碳移除（CDR）的基金。从 2020 年 1 月到 2022 年，对 CCUS 的投资超过 400 亿美元，其中包括针对 CDR 或 BECCS 的政策和项目超过 50

亿美元①。2021 年，英国宣布将向 DAC 和 CDR 项目投入 1 亿英镑用于研发，2022 年 5 月选定的 23 个项目中，4 个为 BECCS 项目；2022 年又投资 500 万英镑用于研发制氢相关的 BECCS 技术。企业和私人资本也高度关注 BECCS 项目与技术，美国雪佛龙、斯伦贝谢新能源、微软、Clean Energy Systems 和英国 Drax 公司都已有建设 BECCS 项目的计划。

除了技术方面，发展 BECCS 目前还面临淡水、土地和环保条件的约束。据测算，在全球温升 2℃路径下，发展 BECCS 需要的土地面积为 380 万~700 万平方公里，是 2000 年全球农业用地的 7%~25%，可耕地和永久性作物面积的 25%~46%，同时需要额外使用约全球 3%的淡水资源，可能对土地、淡水、粮食产量和生物圈产生影响。因此，BECCS 未来发展潜力仍面临较大不确定性。对于中国而言，因地制宜发展 BECCS 技术可以解决中国城乡各类有机废弃物无害化、减量化处理问题，如果生物质废弃物没有得到有效利用，在自然分解的情况下，将释放出甲烷等温室效应更强的气体。在全面推进乡村振兴战略的大背景下，生物质能源能够为农村解决清洁能源和废弃物处理问题，如何将 BECCS 与乡村振兴结合是中国当前需要研究和突破的重点内容。

三、生态碳汇

碳汇，是指从大气中清除二氧化碳等温室气体的过程、活动或机制。生态碳汇，主要指森林、草原、湿地、土壤、海洋等生态系统对大气中二氧化碳的吸收过程。2021 年，习近平总书记在中央财经委员会第九次会议上提出，要提升生态碳汇能力，强化国土空间规划和用途管控，有效发挥森林、草原、湿地、海洋、土壤、冻土的固碳作用，提升生态系统碳汇增量。生态碳汇在全球应对气候变化过程中的重要性越发凸显。目前林业碳汇的减排成本为 70~350 元/吨二氧化碳；到 2060 年，陆地生态碳汇在中国的减排规模预计为 7.7 亿~12.1 亿吨二氧化碳/年。

① IEA（2022），Bioenergy with Carbon Capture and Storage，IEA，Paris.

（一）全球生态系统降碳能力显著

根据地理分布和载体种类不同，生态碳汇一般分为陆地生态系统碳汇和海洋生态系统碳汇。最新研究数据表明，2012—2021 年全球使用化石燃料每年平均排放 94 亿吨碳（1 吨碳约合 3.67 吨二氧化碳），土地利用每年平均排放 16 亿吨碳；其中，34 亿吨碳由陆地生态吸收，25 亿吨碳由海洋生态系统吸收，剩余 51 亿吨碳留在大气中。当前人类活动排放的二氧化碳约 53%由陆地和海洋生态系统吸收，生态系统对缓解全球气候变暖的作用突出。

陆地生态系统的碳汇主体是森林，灌丛、湿地生态系统和农田土壤整体表现出碳汇功能，但草地、荒漠的碳源汇功能尚不明确。在陆地生态系统中，全球植物的碳储量约 4500 亿吨，土壤中的碳储量约 17000 亿吨，另有 14000 亿吨碳储存在高纬度的冻土带中。根据联合国粮农组织 2020 年全球森林资源评估结果，全球森林面积为 40.6 亿公顷，约占全球陆地面积的 31%，森林植物和土壤碳储量合计高达 6620 亿吨，是陆地生态系统最重要的碳储库。从碳库的区域分布来看，热带森林碳库最大，其次是寒带森林和温带森林。但近年来热带毁林对碳库造成巨大破坏，每年导致释放约 29 亿吨碳，同时全球温带和寒温带森林因生长和面积扩张每年吸收 28 亿吨碳，热带毁林几乎抵消了温带和寒温带森林的碳汇功能。因此，在第 26 届联合国气候大会上各国签署《关于森林和土地利用的格拉斯哥领导人宣言》，承诺到 2030 年停止和扭转毁林现象，巴西等关键国家已经明确 2030 年前逐步减少森林砍伐。

海洋生态系统的碳汇主体是海洋水体碳汇，即微型生物为媒介的有机碳汇与无机碳汇，以及红树林、盐沼、海草等海岸带蓝碳。其中，海洋无机碳的储量最大，约 37 万亿吨，其次是有机碳，约 7000 亿吨，海洋生物的碳储量约 30 亿吨。海岸带生态系统的红树林、盐沼、海草近年来受到的关注较高，碳储量为 100 亿～450 亿吨。2009 年，联合国发布《蓝碳：健康海洋固碳作用的评估报告》指出，海洋固碳量与陆地固碳量相当，海洋碳储量远高于陆地，整个海洋碳库对于调节气候变化具有重要意义。值得警惕的是，在全球气候变暖背景下，海洋的二氧化碳承载量不断升高，已经导致海上酸碱度（pH 值）从 8.2 下降至 8.1，引发海洋酸化的担忧。海洋酸化可能损伤诸如贝类、甲壳类和珊瑚等海洋生物形成钙质骨骼和外壳的能力，进而影响海洋生态系统的结构和功能，当下亟待加强气候变化导致的海洋生态环境风险的监测与评估，开展珊瑚礁、贝类等典型海洋生物受海洋酸化影响的长期监测，并积极通过其他手段开展温室气体减排。

（二）生态碳汇有望为中国工业保留部分碳排放空间

中国生态系统具有显著的碳汇效应，在中国应对全球气候变化中扮演着重要的角色。20 世纪 80 年代以前，对资源的过度开发、粗放利用导致我国生态系统遭受破坏，碳汇功能被极大削弱。随后，中国实施了一系列重大生态工程，如天然林资源保护工程、退耕还林工程、“三北”防护林工程等，生态系统碳汇功能得以逐步恢复，碳汇强度逐渐增加。

过去 20 年来，中国科学家利用多种方法对中国陆地生态碳汇进行了估算，包括清查法、生态系统过程模拟、大气反演法。基于清查法估算得出我国陆地碳汇为 2.1 亿~3.3 亿吨碳/年；基于生态系统过程模型估算的结果为 1.2 亿~2.6 亿吨碳/年；基于大气反演法估算的结果为 1.7 亿~11.1 亿吨碳/年①。由于中国化石燃料利用碳排放总量的快速增加，中国陆地碳汇抵消同期化石燃料燃烧碳排放的比例不断下降，从 20 世纪 90 年代的约 30%降至 2010 年以来的 7%~15%。据于贵瑞院士团队测算，中国陆地生态系统的碳汇主要贮存在森林及灌丛中，碳汇能力约为 2.8 亿吨碳/年，农田、草地、荒漠和湿地的碳汇总量较低，不超过 0.01 亿吨碳/年。整体上，中国陆地生态系统的碳储量约为 991 亿吨，其中绝大部分碳储存在浅层土壤（1 米）和植被中，分别约 815 亿吨和 136 亿吨。我国植树造林的年限较短，目前全国森林资源基本以中幼林为主，约占森林总面积的 61%，具有较高的碳汇

① 朴世龙，何悦，王旭辉，等．中国陆地生态系统碳汇估算：方法，进展，展望［J］．中国科学：地球科学．

速率和较大的碳汇增长潜力。

中国是海洋大国，主张管辖海域面积近 300 万平方公里，海洋碳汇资源丰富。海岸带蓝碳生态系统生境总面积为 1623~3850 平方公里，三大蓝碳生态系统（红树林、海草床、滨海沼泽）是中国最为典型、分布最广、生态功能最为重要的海岸带生态系统，目前碳汇能力为 126.88 万~307.74 万吨/年，是海洋增汇的主体。中国整体海域的碳汇能力约为 1 亿吨/年（约合 3.42 亿吨二氧化碳/年），仅能抵消国内部分工业温室气体排放量。2022 年 2 月，自然资源部发布《海洋碳汇经济价值核算方法》，系统提出海洋碳汇能力评估和海洋碳汇经济价值核算的方法，为中国海洋碳汇的核算、潜力开发提供了依据和指南。

以森林、湿地、红树林、海草等为主体的生物固碳途径，是驱动中国生态碳汇增长的主要途径。生态系统碳汇功能的巩固和提升，未来有望为我国工业减排保留每年 20 亿~25 亿吨碳排放空间。

（三）不同生态碳汇项目的减排成本差异大

开发生态碳汇的成本由于不同地区生态环境的差异，目前没有统一的衡量标准。Kooten 等对 20 世纪末以来的陆地生态碳汇项目成本进行了初步统计，以 2005 年汇率换算，全球森林碳汇平均每吨成本从 0.46 美元至 1778.25 美元不等，全球各地不同项目和林木种类差异极大[①]。中国国内林业碳汇的减排成本一般为 70~350 元/吨二氧化碳。以广东长隆碳汇造林项目为例，该项目是中国首个获得国家发展改革委签发的林业温室气体自愿减排项目，于 2011 年在广东河源和梅州的荒山实施碳汇造林，造林规模为 1.3 万亩。该项目在 20 年计入期内，最初预计将产生 34.7 万吨减排量（CCER），年均减排量为 1.74 万吨。该项目土地租金 10 元/（年·亩），造林成本约 700 元/亩，抚育成本约 150 元/亩，项目按照 20 年计需要进行 5 次监测和核证，成本为 20 万元/次，核证成本为 10 万元/次，计算可得项目的直接成本为 2035

① Kooten G C X, Sohngen B. Economics of Forest Ecosystem Carbon Sinks: A Review [J]. International Review of Environmental and Resource Economics, 2007, 1 (3): 237-269.

万元。按照项目立项时预估的减排 34.7 万吨二氧化碳当量计算，平均每吨二氧化碳减排量的成本约为 59 元。然而，受当时碳市场低迷影响，在 2015 年该项目出售其减排量时，价格仅为 20 元/吨；此外，该项目首个减排量监测期的实际减排量仅为 5208 吨，远低于项目规划期预估的 7.7 万吨，这与森林管护不到位有关。因此，林业碳汇的投资与管理风险能力亟待进一步加强。

中国生态碳汇建设法律制度建设相对缓慢（见表 17），除湿地碳汇有国家层面立法以外，其余四类碳汇立法仍为空白。林业碳汇为五类生态碳汇中标准体系发展最快、最迅速的领域，但相关制度规则较散，主要见于较低的行政规章及政策性文件。在全球范围内，林业碳汇目前是最成熟、认可度最高的生态碳汇类型，其次是海洋碳汇。

表 17　中国生态碳汇发展现状

生态碳汇种类	国家层面		地方层面
	政策指引现状	立法现状	
林业碳汇	• 2006 年以来中央发布诸多政策文件 • 覆盖领域包括计量标准、监测方法、项目方法学、减排量核证方法研究	• 立法空白	• 处于高质量发展、价值实现实践探索阶段 • 增汇功能得到保护
草原碳汇	• 目前国家政策规定较少，所颁布核算方法学尚未投入应用 • 现处于前期方法研究、碳汇储量调查阶段	• 立法空白	• 地方政策规定较少，不成体系 • 技术方法少
湿地碳汇	• 相关政策、标准几乎空白	• 2021 年 12 月 24 日第十三届全国人民代表大会常务委员会第三十二次会议通过《中华人民共和国湿地保护法》，该法主要聚焦于湿地生态保护	• 主要聚焦于湿地生态保护

续表

生态碳汇种类	国家层面		地方层面
	政策指引现状	立法现状	
冻土碳汇	• 已指导开展监测、调查评估和科学研究	• 立法空白	• 资源集中省市缺乏相关政策规划
海洋碳汇	• 国家发布引导性和方向性政策文件	• 立法空白	• 福建、海南、山东、厦门、深圳、威海、湛江等地开始先行探索 • 尚未形成成熟制度体系

目前，中国生态碳汇发展仍面临诸多问题。法律方面，生态碳汇国家层面立法缺失，现有规范及制度不健全；碳汇法律属性不清；各类生态碳汇边界模糊。研究方面，对于我国生态系统的碳储量、固碳潜力、固碳机理以及固碳技术认识存在不足；对于部分碳源与碳汇之间相互的动态转换研究缺乏；对于生态系统的风险性研究甚少，能实现碳储备的生态系统也同时可能面临碳释放的风险。经济方面，部分生态碳汇潜力低、开发难度高、市场经济性差；全国性碳排放权交易市场建设相对滞后，机制仍有待健全；碳汇项目多由相关公司或基金开发，导致在顶层设计、政策制定、项目指导等方面存在短板，生态碳汇项目仍存在较大投资风险和不确定性；生态碳汇价值实现单一。上述困难制约了生态碳汇产业的发展，也限制了碳汇金融支持的力度，金融机构难以有针对性地开发支持产品。基于上述分析，通过政府的宏观政策调控和引导，以及市场的进一步发展和完善，可进一步推动中国生态碳汇的发展。顶层设计开发的加强可挖掘市场潜力以及推动和促进金融支持。

从政府角度而言，当前发展方向是建立及完善生态碳汇系统监测核算体系，制定碳汇项目参与全国碳排放权交易的相关规则；在国家层面立法保障生态碳汇的发展，推动地方落实各项政策及生态碳汇项目；鼓励和推动各研究机构开展生态碳汇的深入研究，加强对生态碳汇的认识和风险识别。具体可行措施如下：

（1）推动生态碳汇管理法治化，填补生态碳汇立法空白。通过立法出台保护和发展碳汇的法律法规，推动已有相关法律的修订和完善，确保生态碳汇得到有效保护和合理开发利用。

（2）完善生态碳汇监督管理机制，推动建立政府部门生态碳汇发展定期报告与评估制度，将生态碳汇作为指标纳入相关制度评价及政府政绩指标考核体系。加强对生态碳汇项目的审查和监管，确保生态碳汇项目符合相关标准和要求。

（3）推动生态碳汇管理标准化，将生态碳汇纳入全国碳市场。由相关部门牵头组织专业机构和人员共同开发适合当地实际情况的碳汇方法学，并建立生态碳汇评估、审核和认证体系。通过地方政府独资或与外部公司合资的方式设立碳汇咨询服务机构，在碳资产评估、项目建设、碳汇收储等方面协助推动各省碳汇开发。

（4）推动生态碳汇管理市场化，加大公共投资力度。政府可购买绿色产品与服务，积累绿色资本，通过政府补贴、绿色碳汇国债发行等方式引导市场和社会力量支持碳汇交易。例如，中央财政建立森林生态补偿制度以增加碳汇等生态产品补给，目前补偿已提高到 16 元/亩，2016—2019 年中央财政共补偿资金 697 亿元。

（5）推动生态碳汇国际化。应加强对中国生态系统碳汇在全球气候变化应对中的贡献研究，同时积极制订碳边境调节机制预案。

从市场角度来看，为了发展生态碳汇市场，需要更多的金融支持。以下是发展建议：

（1）探索更多生态碳汇产品的价值实现机制，把更多不可量化的碳汇产品变成可量化、可交易的商品。截至 2022 年 8 月，自然资源部共推出 10 个生态产品价值实现典型案例，之后还需探索更多的生态碳汇产品转化和价值实现机制。

（2）通过绿色信贷、绿色债券等相关产品，配以绿色发展基金、绿色保险、碳金融等相关政策，支持生态碳汇项目。例如，浙江丽水创新推出“生态贷”，将生态资产作为抵押物，配套推进建立机制，激活生态产品的金融属性。浙江湖州德清农商银行为环保公益表现良好的客户提供绿色信用贷款额度和利率优惠，截至2022年8月，共授信超过2亿元，发放绿色公益贷521笔，金额9706万元。此外，利用绿色碳汇基金可支持、推行国内林业碳汇交易，不断开拓碳汇交易市场。例如，中金公益生态碳汇林云南坪项目到2022年实现捐款950万元。同时，碳汇基金积极发挥桥梁纽带作用，与各类机构加强联系，在资金募集上取得实质性成果，全年实现捐赠收入近6000万元。

四、核能

（一）核能是全球能源的重要来源

1954年世界第一座核电站——奥布灵斯克核电站建成以来，已经持续为人类供应近70年的清洁电力。根据IEA和WNA报告，截至2021年底，全球共有440座核电反应堆在运行，总容量为394吉瓦（GW），约占全球发电总量的10%，是全球仅次于水电的第二大低碳发电来源。IEA《核电跟踪进展2022》测算，如果没有核电，以美国、欧盟为代表的发达经济体碳排放将在现有基础上提高20%。近年来，新兴市场和发展中经济体也加快了核电建设。如印度表示，计划未来10年内将核电发电量每年翻两倍以上。

2021年，全球有6座大型核反应堆上线投产，均位于新兴市场和发展中经济体，总容量达560万千瓦。我国是世界核电大国，2021年核电机组装机总容量5328万千瓦，另有在建核电机组2419万千瓦，核电发电量在我国电力结构中的占比已达到5%左右，目前仍在持续提高。

IEA在报告中测算，2050年净零排放的情景（NZE）假设要求到2030年和2050年全球核电装机容量分别需要达到约5.15亿千瓦和8.12亿千瓦；如果不启动新的核电机组建设并延长现役核电机组寿命，则实现净零目标难度加大、成本提高。IEA报告建议，自现在起使核电装机容量到2030年以1000万千瓦/年的速度扩大规模。2026—2030年核电投资需要扩大到每年1070亿美元（见图14），比2016—2020年投资水平增加两倍；2030年以后稳步回落。2036年以前新兴市场和发展中经济体是核能投资重点，2035 年后将逐渐转移到发达经济体①。预计中国 2026—2030 年核电年增均投资水平大约 300 亿美元。另外，中国核电行业只有中核集团、中广核集团和国电投集团三家企业具有控股建设和运营核电站的核电投资主体资格，其他企业的投资方式更多体现为参股。

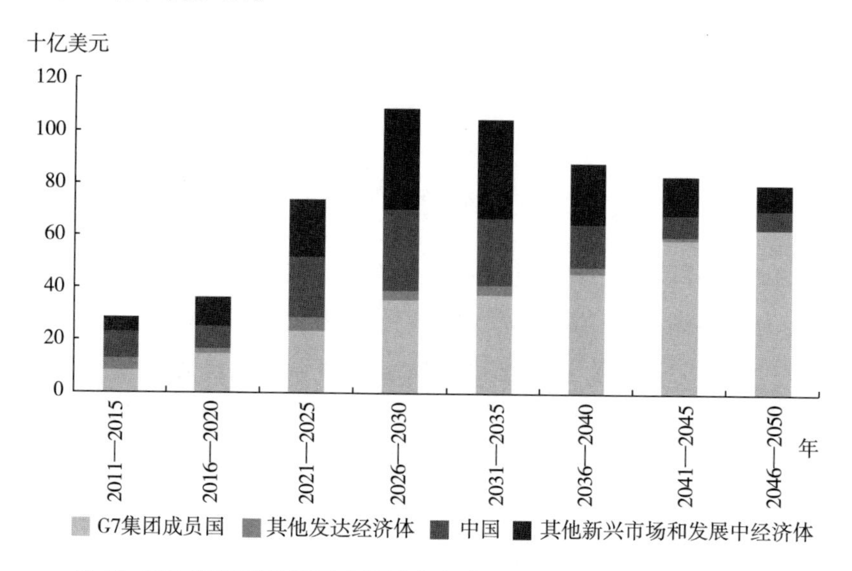

图 14　IEA 净零排放情景中按国家或地区分组的全球年均核电投资

（注：图片引自中金研究院报告；2021 年以前数值为历史值，之后为预测值）

IPCC 评估认为，核电是碳排放最低的能量来源之一。从全生命周期来看，配备 CCUS 的煤电、天然气发电碳排放分别为 230~800 克/千瓦时和 179~336 克/千瓦时，相比之下，核能单位发电量产生的碳排放量较小，仅有 9~70 克/千瓦时。核能作为清洁稳定的能量来源，不仅可弥补可再生能源不稳定导致的缺口，核能热电联产也拥有巨大的应用前景，小型模块化反应堆等先进核技术提高了社会接受度，商业部署后将在能源转型中发挥重要作用。

从投资成本来看，火电每千瓦投资成本为 3000~4000 元，而核电

① 中金研究院：《热点“碳”究：气候变化下的全球核能发展及投资趋势》。

为1.2万~1.8万元，二者相差高达3~4.5倍①。然而，由于核电的燃料成本比重比较小，所以核电平准化发电成本能够显著降低。据2020年IEA和经合组织核能署（OECD NEA）联合发布的《电力成本估算报告2020》，长期运行核电站在平准化发电成本上已经低于利用煤炭、天然气等传统的化石燃料发电（见图15），这对于电力行业的碳减排具有重大意义②。核电2060年在中国的减排规模预计为25亿~35亿吨二氧化碳/年。

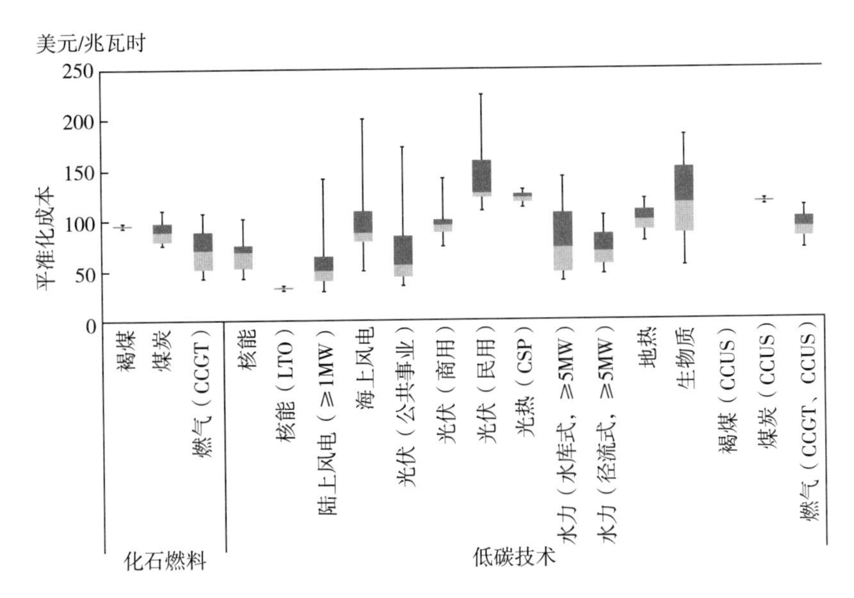

图15　不同技术平准化发电成本区间

（注：图中数值按折现率7%计算）

（二）核能第三代技术渐成主流

核能的利用技术路径包括核裂变和核聚变，目前主要应用的是核裂变发电。世界核电发展从技术指标上一般可划分为四代。（1）第一

① 中国电力企业联合会．中国电力行业年度发展报告［M］．北京：中国市场出版社，2018.

② Lorenczik S，Kim S，Wanner B，et al. Projected Costs of Generating Electricity（2020 edition）［R］. Organisation for Economic Co-Operation and Development，2020.

代核电站，主要是 20 世纪 50 至 60 年代开发的原型堆和试验堆。（2）第二代核电站，主要是指 20 世纪 70 年代以来正在运行的大部分商业核电站基本堆型，已实现标准化、系列化和批量化建设。（3）第三代核电站，是指满足美国和欧洲“先进轻水堆核电站”标准之一的核电机组，安全性和经济性较二代核电站更突出。（4）第四代核电站由美国能源部牵头于 2000 年提出，目前仍处在开发和验证阶段，主要特征是经济性、安全性指标更优、废物产生量更低，且具有防止核扩散的功能。

当前广泛商用的主要是应用核裂变技术第三代反应堆压水反应堆（Pressurized Water Reactor，PWR），据统计，截至 2022 年运行中的核电站共 440 座，其中 307 座核电站采用了压水反应堆，约占所有运行发电站的 69.8%；建设中的发电站共 56 座，其中压水反应堆 47 座，约为建设中发电站的 83.9%①（见图 16、表 18 和表 19）。

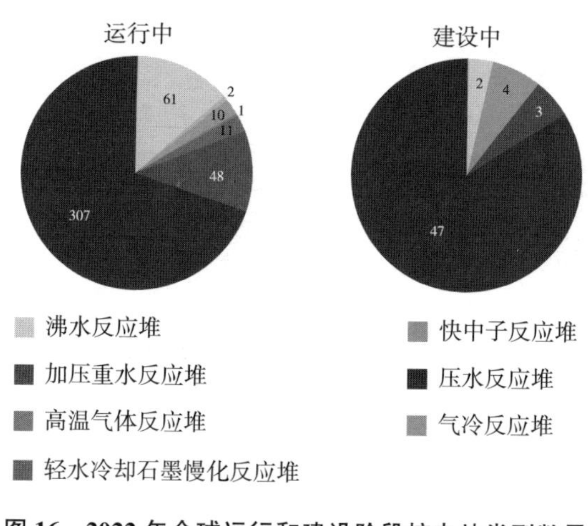

图 16　2022 年全球运行和建设阶段核电站类型数量

① World Nuclear Association. World Nuclear Performance Report 2022 [R]. 2022.

表 18　2020—2022 年各国核电支持政策主要进展

国家	政策
美国	作为 2022 年民用核信贷计划的一部分，将有 60 亿美元的投资用于维护现有的核反应堆。此外，还有 80 亿美元的拨款用于建设清洁氢中心，其中至少有一个专门用于核能制氢的中心。在先进反应堆示范项目之后，7 年内对两个核项目进行了总计 32 亿美元的投资。《通胀削减法案》提出了投资和生产税收抵免，其中包括核能在内的整个清洁能源领域
欧盟	投票通过决定，将特定的核能和天然气的某些特定活动保留在可持续能源分类中
加拿大	小型模块化反应堆（SMR）行动计划部署了 SMR 建设步骤，部分项目获得联邦和省政府资助。加拿大公用事业公司安大略发电公司宣布将在达灵顿建设一个 SMR 项目，计划于 2028 年建成
法国	“法国 2030”投资计划宣布将确保所有核反应堆在保障安全的同时延长服役期限。同时，宣布计划从 2028 年开始建造 6 座全新大型反应堆，预计将耗资约 500 亿欧元，并提出可能在 2050 年再建造 8 座新的大型反应堆。另外，还有 10 亿欧元的投资用于开发创新反应堆，其中包括到 2030 年前开发一个 SMR 项目
英国	作为《2022 年能源安全战略》的一部分，计划建设八个全新大型反应堆和若干小型模块化反应堆，以实现到 2050 年核电容量达到 24 吉瓦（或达到预测的电力需求 25%）的目标。2022 年颁布的《核能（融资）法案》引入实施受监管资产基础模式，从而为英国未来的新建核电项目提供资金。此外，英国政府承诺为开发 SMR 项目筹措 2.1 亿英镑资金和 2.5 亿英镑的私人投资
比利时	2022 年 3 月，比利时政府决定采取必要措施，将两个核反应的堆服役期限延长 10 年，直至 2035 年
波兰	2020 年波兰核电计划建造总容量在 6~9 吉瓦之间的大型反应堆。 2022 年，政府同意部署基于美国技术的 SMR，以取代现有燃煤热电厂
韩国	2022 年当选的新政府承诺加强使用核电，计划支持延长现有核电设施服役期限，重启两个核电站建设，发展和加强 SMR 合作，并计划到 2030 年前在海外建设十座工厂。 韩国将每年承诺 4000 亿韩元（内含 3.08 亿美元）用于开发 SMR 项目
日本	2022 年，日本政府宣布将加强能源安全，以期在安全的情况下重启现有反应堆
中国	到 2025 年，实现核电装机容量 70 吉瓦目标
印度	2023—2025 年，计划开工建造十座全新核反应堆，总容量为 9 吉瓦。 推进采用法国技术建造六座大型反应堆的政治决策过程

表 19　2025 年前、2026—2030 年计划新投运核电项目装机预估

地区		国家	2025 年前计划新投运核电项目		2026—2030 年计划新投运核电项目	
			堆数	装机（万千瓦）	堆数	装机（万千瓦）
“一带一路”沿线地区	东南亚	越南	4	400	6	670
		泰国	0	0	5	500
		马来西亚	0	0	2	200
		印度尼西亚	1	30	4	400
	南亚	巴基斯坦	0	0	2	200
		孟加拉国	2	200	0	0
	中东	伊朗	1	100	1	30
		沙特阿拉伯	0	0	16	1800
		阿联酋	2	280	10	1440
		约旦	1	100	0	0
		以色列	0	0	1	120
		埃及	1	100	1	100
		土耳其	4	480	4	450
		亚美尼亚	1	106	0	0
	中亚	哈萨克斯坦	2	60	2	60
	中东欧	立陶宛	1	135	0	0
		波兰	6	600	0	0
		乌克兰	2	190	11	1200
		捷克	2	240	1	120
		斯洛伐克	0	0	1	120
		罗马尼亚	2	131	1	65
		匈牙利	2	240	0	0
		斯洛文尼亚	0	0	1	100
		保加利亚	1	95	0	0
		白俄罗斯	0	0	2	240
	“一带一路”共建合计		35	3487	73	8055

续表

地区		国家	2025年前计划新投运核电项目		2026—2030年计划新投运核电项目	
			堆数	装机（万千瓦）	堆数	装机（万千瓦）
其他地区	东亚	朝鲜	0	0	1	95
	欧洲	芬兰	0	0	2	270
		荷兰	0	0	1	100
	非洲	南非	0	0	6	960
	北美洲	墨西哥	0	0	2	200
	南美洲	巴西	0	0	4	400
		阿根廷	1	33	2	140
		智利	0	0	4	440
	其他地区合计		1	33	22	2605
世界总计			36	3520	95	10660

数据来源：根据国际核能协会、国际原子能机构网站数据整理。

五、氢能与可持续燃料

（一）氢能

氢能是一种清洁、高效且可再生的二次能源，使用后仅产生水，对环境无污染，可实现零排放。根据生产原料和采用技术的不同，氢可被分为灰氢、蓝氢与绿氢。灰氢的主要原料为传统化石燃料，技术成熟度最高，然而却伴随着高能耗及高二氧化碳排放。蓝氢则是在灰氢的基础上，通过结合 CCUS 技术，减少生产过程中的碳排放，实现低碳制氢。绿氢则是利用光伏发电、风电等可再生能源进行电解水制氢[①]。

2022 年，全球氢能需求量达到 9500 万吨，其中中国占比约为 29%[②]。在未来，氢能源在工业、交通及电力领域都拥有十分广泛的应

① 裴佳梅. 不同制氢技术经济—能源—环境—社会综合效益评价研究［D］. 太原：山西财经大学，2023.

② 国际能源署（IEA）. Global Hydrogen Review 2023［R］. 2023.

用场景。IEA 预测，到 2030 年，氢能需求可能达到 1.5 亿吨，其中，绿氢的年产能有望达到 3800 万吨[①]。麦肯锡在《全球能源展望报告》中预测，到 2050 年，全球氢市场的需求量将达到 5.36 亿吨/年[②]。

2022 年 3 月，中国国家发展改革委发布《氢能产业发展中长期规划（2021—2035 年）》，重申了氢能“作为国家能源体系的重要组成部分”的战略地位。2024 年，氢能产业首次被写进《政府工作报告》，提出“加快前沿新兴氢能产业发展”[③]。在国家政策的大力扶持下，中国氢能产业展现出积极的发展态势。2023 年，中国氢气产量约为 3686 万吨，占全球总产量的三分之一以上，是全球最大的制氢国。中国已初步掌握了氢能制备、储运、加氢、燃料电池以及系统集成等核心技术和生产工艺，实现了九成以上关键零部件的国产化替代[④]。

从碳价格变化对氢能的影响来看，如果按每百公里油耗 6.6kg（9L），每千克汽油价格 10.6~12.79 元来估算，汽车行驶百公里的燃料成本大约为 77.2 元。由于汽油的燃烧伴随着二氧化碳的释放，随着碳价提升，汽车行驶的燃料成本也将升高。当碳价格为 200 元/吨二氧化碳、400 元/吨二氧化碳和 600 元/吨二氧化碳时，汽车行驶百公里的燃料成本分别为 81.1 元、84.9 元和 88.8 元。当碳价格超过 800 元/吨二氧化碳时，绿氢有望在经济性方面具备竞争优势。

从投融资情况看，近年来，全球氢能领域的投融资活动呈现出显著的增长趋势。2022 年，处于早期和成长期氢相关技术和业务的初创企业得到了大量股权融资。其中，处于早期的初创企业交易总额达到 6.7 亿美元，较 2020 年增长近 5 倍。同时，资金需求更大但风险相对较低的成长期企业融资额增长了一倍以上，达到 31 亿美元[⑤]（见图

---

① 国际能源署（IEA）. 氢的未来——抓住今天的机遇［R］. 2019.

② 麦肯锡. Global Energy Perspective 2022［R］. 2022.

③ 东兴证券. 氢能行业：脱碳减排背景下需求空间广阔，燃料电池重卡环节先行受益［R］. 2024.

④ 百人会低碳院，车百智库. 中国氢能产业发展报告 2024 推动绿氢制储输用一体化发展［R］. 2024.

⑤ McKinsey & Company. The Global Energy Perspective 2023: Sustainable Fuels Outlook［EB/OL］.［2024-06-27］. https://www.mckinsey.com/industries/oil-and-gas/our-insights/global-energy-perspective-2023-sustainable-fuels-outlook.

17）。在地域分布上，美国的初创企业一直是氢相关技术风险投资交易的主要受益者，但在燃料电池领域和项目开发领域则分别由中国和欧洲初创企业占据主导地位。

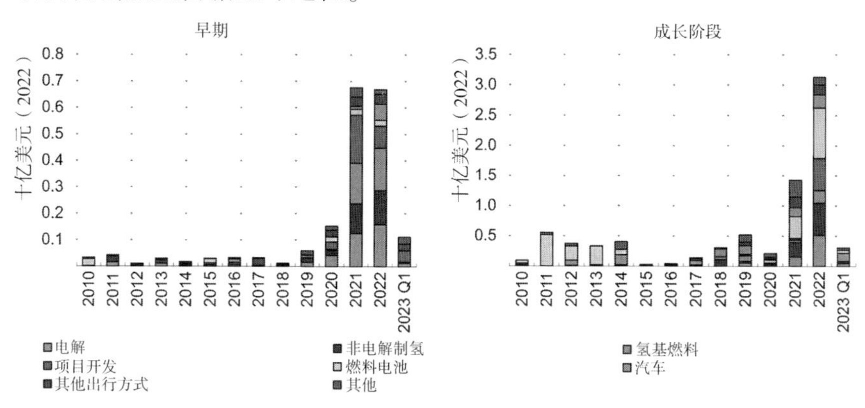

图 17　氢相关领域能源初创企业的早期和成长期的风险投资

在中国，根据清科研究院数据，2019 年至 2022 年上半年氢能领域一级市场投资额从 13.43 亿元逐步增长至 85 亿元。然而，自 2022 年下半年起，投资出现降温趋势。2023 年国内 49 家氢能企业共计完成 59 笔融资，但融资总金额不足 70 亿元①。其主要原因可能在于尽管资本普遍看好氢燃料电池的前景，但主营燃料电池的上市企业真正能够实现盈利的仍较少。

（二）可持续燃料

可持续燃料，是指利用可再生资源或循环资源，经由低碳生产工艺加工而成的燃料，包含传统生物燃料、可替代燃料、绿氢及其衍生燃料（见表 20）。生物燃料是可持续燃料的重要组成部分，预计到 2050 年，全球可持续生物能源潜力将超过 100 EJ②，目前中国可持续

① 华夏能源网．氢能投资进入冷静期，真正的产业机会在哪里？［EB/OL］．［2024-04-28］．https：//www.thepaper.cn/newsDetail_forward_26952523.

② IEA. What does net-zero emissions by 2050 mean for bioenergy and land use?［EB/OL］.（2024-07-03）［2024-07-03］. https：//www.iea.org/articles/what-does-net-zero-emissions-by-2050-mean-for-bioenergy-and-land-use.

生物质总量约为 5.78 亿吨（10 EJ）[①]。

表 20　可持续燃料的类型

类型	原料	主要产品	用途
传统生物燃料	玉米、秸秆、甘蔗渣、植物油、木质生物质、农业残余物、动物脂肪、粪肥、废水污泥、食物垃圾纸浆厂副产物等	生物甲醇、乙醇、沼气、脂肪酸甲酯等	油气混合物添加剂、专用发动机燃料、化学品原料、直接燃烧发电或供热
可替代燃料	植物油、动物脂肪、废油脂、农林废弃物、城市废弃物、非粮食作物、氢、绿电、二氧化碳	可再生柴油、可持续航空燃料、甲烷、可持续汽油等	与现有发动机和化石燃料基础设施兼容，适合与化石燃料掺混使用
绿氢及其衍生燃料	绿电、空气捕获的二氧化碳（非化石能源相关）、氮气	氢、甲醇、氨等	不兼容现有的发动机和基础设施，可出售或作为先进交通领域的燃料

可持续燃料在交通运输领域应用前景广阔。使用氢、氨、生物燃料的汽车将是汽车行业重要的潜在减排路径，氢燃料及生物混合燃料赛车已出现在赛场上。船用燃料正逐步从低硫燃料油、柴油向生物柴油、生物甲烷、绿色甲醇及绿氨等可持续燃料过渡。预计至 2030 年，中国可持续船用燃料的供应规模将达到 300 万吨，而到 2050 年，这一数字将超过 2000 万吨[②]。

可持续航空燃料（SAF）将成为替代现有化石燃料的重要低碳方案。预计到 2050 年全球航空业实现净零排放时，SAF 的减排贡献将达

① Xu Y, Smith P, Qin Z. Sustainable bioenergy contributes to cost-effective climate change mitigation in China [J]. iScience, 2024.

② 中国石化新闻．可持续船燃：国际航运脱碳“密钥”？［EB/OL］．（2024-06-28）［2024-06-28］．http://www.sinopecnews.com.cn/xnews/content/2024-06/28/content_7099242.html.

到 65%[①]。欧洲和美国是全球 SAF 主要的产区和消费市场，中国 SAF 市场整体仍处于起步阶段，运营和规划的 SAF 产能总计约 15 万吨/年[②]。具有较大发展前景的 SAF 生产技术路线有四条，分别为酯类和脂肪酸类加氢工艺（HEFA）、费托合成工艺（FT 或 G+FT）、醇喷合成工艺（AtJ）以及电转液工艺（PtL）。目前，SAF 成本和价格较高，当碳价格达到 800 元/吨二氧化碳以上时，SAF 才有可能与化石航空煤油竞争（见图 18）。

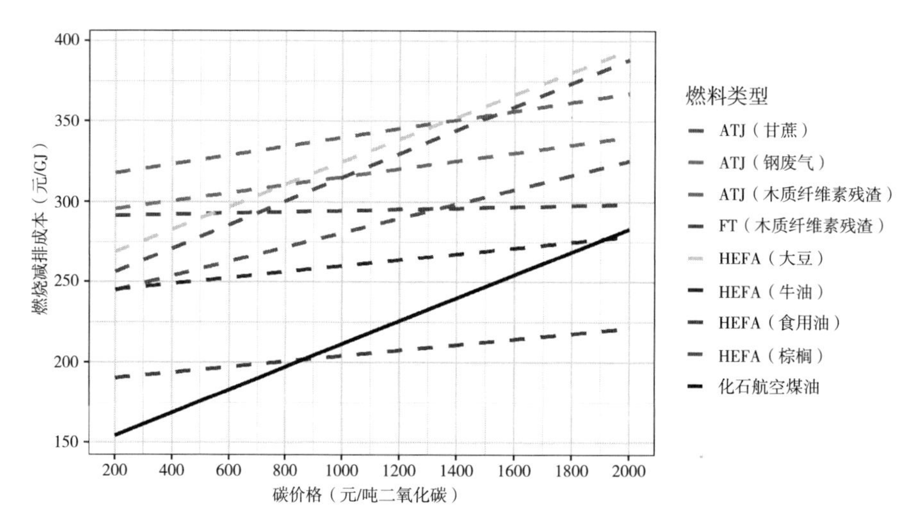

图 18　不同碳价格下航空燃料的减排成本（SAF 价格和碳排因子来源于已有的研究[③]；化石航空煤油的价格为 20 美元/GJ，碳排因子为 71.5 kgCO_2e/GJ[④]）

在可持续燃料认证方面，国际可持续发展和碳认证（ISCC）为不同产品和目标市场提供了几种不同的认证选项（见表 21）。

---

① IATA. Our Commitment to Fly Net Zero by 2050 [EB/OL]. [2024-06-27]. https://www.iata.org/en/programs/environment/flynetzero/.

② 北京大学能源研究院. 中国可持续航空燃料发展研究报告——现状与展望 [R]. 2022.

③ Capaz R S, Guida E, Seabra J E A, et al. Mitigating carbon emissions through sustainable aviation fuels: costs and potential [J]. Biofuels, Bioproducts and Biorefining, 2021, 15 (2): 502-524.

④ 国家发展和改革委员会. 中国民用航空企业温室气体排放核算方法与报告指南（试行）[S/OL]. (2013-11-04) [2024-07-03]. https://www.gov.cn/gzdt/att/att/site1/20131104/001e3741a2cc13e13f370a.pdf.

表 21　ISCC 中涉及可持续燃料的认证体系①

认证体系	认证范围
ISCC EU	适用于欧盟市场，涵盖《可再生能源指令》（RED II）中规定的原材料和燃料，包括生物燃料、生物液体、生物质燃料、先进燃料、低 iIUC 风险燃料
ISCC PLUS	适用于欧盟以外的市场，RED II 框架之外的循环和生物基产品、可再生能源、食品、饲料和生物燃料
ISCC CORSIA（PLUS）	符合国际民航组织 CORSIA 计划的可持续航空燃料（SAF）

六、地球被动辐射冷却技术

地球被动辐射冷却技术能够自发地反射太阳光和向外太空辐射热量，无须损耗能源就能实现地球降温的目的。被动辐射冷却技术应用广泛，主要用于建筑外墙保温涂料；科学家们正在探索的平流层气溶胶、海洋云层增亮、巨型太空镜、冰川薄膜等地球降温技术设想同样能实现地球被动降温的目的。当然，也有人对这些技术的不确定性以及产生的危害表示怀疑。

（一）建筑被动辐射降温技术：距离规模化应用仍遥远

建筑被动辐射降温是目前研究最深入、最接近实际应用的被动降温技术。早期的建筑外墙辐射冷却主要采用高聚物膜、白色涂料、氧化物薄膜等材料，但这些材料无法同时满足在 8～13μm 的大气窗口波段具有高辐射率、在太阳光谱波段具有高反射率的光谱特性，进而影响其辐射冷却效果。近年来，得益于材料科学与微纳米技术的发展进步，新一代选择性辐射冷却结构材料，如光学薄膜、超表面与超材料、光子晶体等，弥补了过去材料的不足，辐射冷却效果大幅提高。但现有的建筑被动辐射冷却技术受制于复杂昂贵的加工设备，尚无法大规

① ISCC. ISCC Certi fication Schemes［EB/OL］．［2024-07-03］．https：//www. iscc-system. org/certification/iscc-certification-schemes/.

模推广。

当期建筑被动辐射冷却技术多数停留于小规模试验或示范阶段。例如，斯坦福大学的范汕洄团队曾在2014年通过给镜面涂上多层光学薄膜，反射97%的太阳光，同时通过大气持续散发掉建筑表面热量，使屋顶温度能够低于周围环境5℃。根据实验数据，研究团队建立模型，将面板覆盖到拉斯维加斯一栋两层高的商业办公楼顶，得出使用该冷却系统可节约21%的建筑冷却能耗。目前，该团队创立了SkyCool Systems公司，致力于技术的持续研发和商业化。

中国建筑西南设计研究院的零能耗被动辐射节能研发团队成功研发出世界领先的零能耗超双疏自清洁白色日间被动辐射制冷涂料，并相继完成涂料的中试、产业化生产，以及户外性能检测，开展白色制冷涂料在移动通信基站和粮食存储上的工程示范，探索白色制冷涂料在冷冻库和化工原料及油气储罐上的工程应用。该团队迄今为止的32个工程示范和应用可每年节约空调制冷用电量284103千瓦时，折合节约标煤88吨，减排二氧化碳239吨。

建筑被动辐射冷却技术有望替代电力冷却，但目前适用性依旧有限。就材料方面而言，人为控制晶格结构的超材料能有效反射太阳辐射，发射率较高，但生产精度要求严苛，难以大规模推广。结构简单、成本较低的聚合物材料有优异的辐射冷却特性，但在室外环境易降解，阻碍其推广使用。被动辐射降温技术未来主要发展方向集中于以下两点：（1）应用于建筑及太阳能电池冷却的被动降温材料将朝减低成本、大规模制造及应用方向发展；（2）突破单一的被动冷却方式，将辐射冷却与其他冷却方式相结合，开发其协同作用，研发多种技术结合的被动冷却方式。

（二）地球降温气候工程：解决气候问题的终极方案

1. 平流层气溶胶/海洋云增白技术。平流层气溶胶（Stratospheric Aerosols）指的是通过人工方式将气溶胶注入平流层，降低到达地球的太阳光量，从而减缓气候变暖。平流层气溶胶降温方法主要受火山爆发现象的启发，火山喷出的火山灰颗粒和气体、液体等物质构成的气溶胶遮蔽天空时，能够引发周围气温显著降低。哈佛大学 SCoPEx 项目目前正在开展平流层气溶胶小型试验，利用气球向平流层释放非常少量的硫酸盐、碳酸钙和水，借此研究平流层气溶胶产生的化学和物理效应，受到广泛关注。

另一种机理类似于平流层气溶胶的降温方法称为海洋云增白技术（Marine Could Brightening）。海洋云增白技术是通过船舶向高空喷射盐水，水分蒸发后在高空中形成盐粒子，盐粒子能够凝聚更多的水滴，从而形成更密集的云层，加强对阳光的反射。目前，美国、英国与澳大利亚的科研机构正在开展技术研发和验证，尤其是澳大利亚已在全球率先开展了海洋云增白试验，相关实验数据已经导入模型用于评估技术的成本的降温效果。

平流层气溶胶和海洋云增白方案目前在科学界仍存在较大争议，主要体现在以下三个方面：一是此类方案需要向平流层不断补充化学颗粒，长期维持项目运行的工程投入巨大；二是此类方案可能导致海洋循环变化，对海洋生态环境和全球气候造成风险；三是太阳光照减少会导致农作物减产，该损失基本上抵消了减缓气候变暖给作物产量带来的有益影响。因此，基于平流层气溶胶或海洋云增白的地球工程方案，目前尚无法应用于解决气候变化对全球生态和粮食安全构成的威胁。

2. 巨型太空镜。太空镜（Space Mirror）设想是在太阳和地球之间布置一面巨大的透镜，通过减少照射至地球的太阳光线，达到地球降温的目的。该方法于 20 世纪 80 年代提出，在 21 世纪初受到关注。美国劳伦斯利弗莫尔国家实验室的太空工程专家 Lowell Wood 分析认为，反射地球 1%的太阳光需要 160 万平方公里的镜面（相当于中国国土面积的 17%），厚度约 0.002 毫米，镜面材质需要是金属薄膜或塑料薄膜。镜子将在地球和太阳之间的引力稳定点——拉格朗日点 L1 轨道运行，大约是从地球到月球距离的 4 倍。从地球上几乎看不到镜子，镜子将阻挡 1%~2%的太阳光，足够使地球降温。发射巨型镜子的成本将非常昂贵，另一种可行的方案是发射数十亿份小型镜子至相同的轨道。亚利桑那大学光学专家 Roger Angel 于 2006 年提出了这一想法，并预计建造和发射太空镜的估计成本约为数万亿美元，每年的维护成本约为1000亿美元。太空镜虽然理论上能使地球顺利降温，但Lowell Wood和Roger Angel均强调，太空镜是人类应对全球气候变化不得已而为之的最终手段，现阶段有更经济、合理、可行的方式减缓气候变化。

3. 冰川“被子”。冰川加速融化是全球气候变暖的严重后果之一。人类最新研发的辐射制冷材料也可以用于冰川的降温和保护。在国内，四川达古冰川国家地质管理局正在与南京大学等单位合作，开发冰川降温材料，降低冰川融化速度。据悉，该材料拥有98%以上的太阳光反射率与90%以上的中红外发射率，高太阳光反射率使材料能够尽可能少地吸收太阳光产生的能量，抑制自身的温度上升。同时，较高的中红外发射率，使材料能够将自身能量通过大气透射窗口源源不断发射出去，最终实现自身降温。在这两种机制的共同作用下，辐射制冷技术可以实现对物体的全天候高效降温，最高降温幅度可达10℃以上。目前，全球已有较多试验证明，冰川薄膜可以显著降低冰川的消融速度，在瑞士、德国等地均有应用。该技术的局限性在于仅能保护小范围的冰川融化，一般用于保护部分旅游或滑雪区域的冰川，大规模应用的成本较高。例如，瑞士有研究表明，如果利用这项技术保护瑞士全境的冰川，每年需要花费约10亿瑞士法郎（约合75亿元人民币）。对于保护冰川在短期能够发挥重要作用，但无法逆转全球气候变暖背景下冰川持续消融的趋势。

人类针对地球降温工程提出了诸多充满想象力的地球工程项目，并开展了广泛的研究探索。整体上看，地球降温气候工程在三个方面面临较大争议：一是可能带来其他无法预测的气候或生态影响；二是成本高，动辄数十亿至千亿美元的投资；三是相关技术概念给了人们继续使用化石燃料的理由。针对地球工程技术，科学界目前普遍的观点是与其投入资金开展地球工程，不如将资金直接应用于降低二氧化碳及其他温室气体的排放。地球工程技术是人类应对气候问题无计可施的极端情况下，最终不得已时可能采用的技术。

（三）地球被动辐射冷却技术投融资情况

目前，大部分地球被动辐射冷却技术仍处于实验室研究开发阶段，仅有少数几个孵化初创公司，包括斯坦福大学研究团队成立的 SkyCool Systems 公司和科罗拉多大学的杨荣贵教授在国内成立的瑞凌辐射制冷科技有限公司（Radi-Cool）。

SkyCool Systems 这家初创公司脱胎于斯坦福大学的一个研究小组，于 2016 年在美国加利福尼亚州共同创立。这家清洁能源公司专注于使用辐射冷却以提高传统冷却系统效率或直接替代。该公司的辐射冷却板将冷凝器的热量排放到寒冷天空，显著提高了空调和制冷系统的效率，预计可以节约制冷用电 21%。公司于 2016 年分别从美国能源部先进研究计划署、Tumml 和 National Science Foundation 拿到 75 万美元、1. 5 万美元和 22. 5 万美元的研究经费。2017 年收到来自 Stanford-Start 的孵化资金（金额未披露）。2019 年和 2020 年通过 2 轮种子轮分别募集到 17 万美元和 16 万美元的启动资金，并于 2021 年获得美国能源部先进研究计划署 350 万美元的奖励，用于扩大公司辐射冷却板的生产应用规模。

瑞凌辐射制冷科技有限公司（Radi-Cool）由杨荣贵和尹晓波于 2017 年在浙江宁波成立。旗下主要产品为超材料新能源降温薄膜，主要应用于绿色建筑、冷链物流、光伏领域、现代农业等产业。按产品制冷功率估算，应用 1 平方米瑞凌负碳辐射制冷技术，每年可降低空调耗能 100 度电，折合减少二氧化碳排放量 100 千克。该公司共经历 2 轮融资历程：2018 年进行天使轮融资，投资机构为光之华、松禾资本和移盟资本，融资金额未披露；2019 年进行 A 轮融资，投资机构为松禾资本和深创投，融资金额未披露。

马里兰大学的胡良兵团队通过化学方法去除木质素这一刚性成分使木材具有反射性，并压缩产物使其纤维素纤维取向排列来放大红外反射效应，可以实现辐射制冷效果高达 10℃。胡良兵和 Amy Gong 于 2016 年共同创立 InventWood 公司，旗下主要产品为 MettleWood 板。该公司于 2022 年获得美国能源部 2000 万美元赠款，用于帮助 Invent-

Wood 建立一个年生产能力达 100 万平方英尺的试点生产设施，优化 MettleWood 的物理特性，完成商业化推进。

对以上绿色技术的分析可以看出，相关新兴技术的研发需要投入大量的资金。理论和实验性研究本身需要大量投入，如果技术成熟并逐渐在实用工程中推广使用将需要更大量的资金。这对当前业已存在的零碳转型融资缺口形成更巨大的挑战。而且，由于技术研发及推广使用存在很大的不确定性，在提供融资时需要充分运用多种金融工具，包括风险投资等应对不同风险的投融资方式。而用好这些投融资方式的核心还是解决好激励机制问题。因此，应让在未来二三十年内仍进行碳排放的实体作为出资方支持绿色技术的研发。当然，少部分研发资金也可以通过企业折旧来计提。然而，由于前述的绿色技术大都为前沿新技术，现有的大型企业难以依靠自身研发突破。因此，通过碳市场、碳价格形成激励机制是帮助缩小巨大融资缺口、促进技术进步的重要路径。

参考文献

1. 周小川，数学规划与经济分析［M］. 北京：中国金融出版社，2019.

2. 布兰查德，梯若尔 . 应对未来的三大经济挑战［M］//吴敬琏. 比较 · 第116辑 . 北京：中信出版集团 .

3. 国际能源署（IEA）. 全球能源部门2050年净零排放路线图（Net Zero by 2050 A Roadmap for the Global Energy Sector）［R/OL］. Paris：IEA，2021［2024-04-11］. https：//iea. blob. core. windows. net/assets/deebef5d-0c34-4539-9d0c-10b13d840027/NetZero-by2050-ARoadmapfortheGlobalEnergySector_CORR. pdf.

4. 联合国环境规划署（UNEP）. 2022年排放差距报告（Emission Gap Report 2022）［R/OL］. Nairobi：UNEP，2022［2024-04-15］. https：//www. unep. org/interactive/emissions-gap-report/2022/.

5. 联合国政府间气候变化专门委员会（IPCC）. 气候变化2021：自然科学基础［R］. 日内瓦 . 联合国政府间气候变化专门委员会，2021.

6. 第26届联合国气候变化大会 . 格拉斯哥气候公约［EB/OL］. UN，2021［2024-04-16］. https：//unfccc. int/process-and-meetings/the-paris-agreement/the-glasgow-climate-pact-key-outcomes-from-cop26.

7. 中国气象局气候变化中心 . 中国气候变化蓝皮书（2022）［M］. 北京：科学出版社，2022.

8. 马新彬，碳减排与GDP关系的初步认识［R/OL］.（2021-11-26）［2024-04-16］. https：//mp. weixin. qq. com/s/iTkM6A0Xtf Wesetx-SkceAA.

9. 中国石化经济技术研究院．中国能源展望 2060 [R/OL]. (2024-01-03) [2024-04-16]. https://baijiahao. baidu. com/s? id = 1787058837709022369&wfr = spider&for = pc.

10. 中金研究院．热点“碳”究：气候变化下的全球核能发展及投资趋势 [R]. 北京：中金研究院，2022.

11. 落基山研究所．先立后破，迈向零碳电力——探索适合中国国情的新型电力系统实现路径 [R]. 北京：洛基山研究所，2022.

12. 联合国可持续证券交易所倡议（SSE）. 自愿碳市场——交易所介绍（2022）[R]. 纽约：联合国可持续证券交易所倡议，2022.

13. 联合国环境规划署（UNEP）. 公正转型如何帮助实现巴黎协定 [R]. 纽约：联合国开发计划署（UNDP），2022.

14. 联合国政府间气候变化专门委员会（IPCC）第六次评估报告（AR6）第二工作组（WG Ⅱ）. 2022 年气候变化：影响、适应和脆弱性 [R]. 日内瓦：联合国政府间气候变化专门委员会，2022.

15. 国际能源署（IEA）. 为新兴和发展中经济体的清洁能源转型融资 [R]. 巴黎：国际能源署，2021.

16. 亚洲开发银行. 支持亚太地区的低碳转型 [R]. 马尼拉：亚洲开发银行，2021.

17. 邱慈观. 企业碳挑战——碳核算、碳披露以及碳中和标准 [R/OL]. (2023-01-12) [2024-04-16]. https://mp. weixin. qq. com/s?_biz = MzIxMjM3MzYxMQ = = &mid = 2247546540&idx = 2&sn = cb14678fbb4cbe082d9d3fc3669a8ce9&chksm = 97456fa8a032e6be0ba6406922b86d9b9f75c5fe5558c99e3b7c2d94035f4ed80d54fc556403&scene = 27.

18. 世界银行. 碳定价机制发展现状与未来趋势报告 [R]. 华盛顿：世界银行，2023.

19. 国际能源署（IEA）. 煤炭市场报告 2022 [R]. 巴黎：国际能源署，2022.

20. UNFCC. Nationally Determined Contribufion (NDCs) under the Paris Agreement [EB/OL]. Boon: UNFCC, 2022 [2024-04-16]. https://unfccc. int/process-and-meetings/the-paris-agreement/nationally-determined-contributions-ndcs.